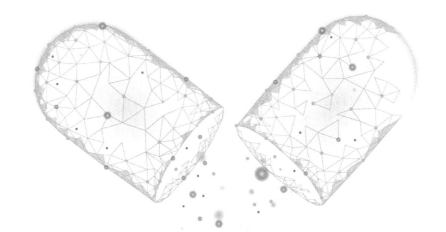

兽药全过程
大数据智慧管理平台

—— 刘继芳　韩书庆　张　晶　等　著 ——

U0348207

中国农业科学技术出版社

图书在版编目（CIP）数据

兽药全过程大数据智慧管理平台 / 刘继芳等著 .-- 北京：中国农业科学技术出版社，2022.12

ISBN 978-7-5116-6129-6

Ⅰ.①兽… Ⅱ.①刘… Ⅲ.①兽用药—药品管理 Ⅳ.① S859.79

中国版本图书馆 CIP 数据核字（2022）第 243154 号

责任编辑　朱　绯
责任校对　王　彦
责任印刷　姜义伟　王思文

出 版 者　中国农业科学技术出版社
　　　　　北京市中关村南大街 12 号　邮编：100081
电　　话　（010）82109707（编辑室）　　（010）82109702（发行部）
　　　　　（010）82109709（读者服务部）
传　　真　（010）82106650
网　　址　https://castp.caas.cn
经 销 者　各地新华书店
印 刷 者　北京建宏印刷有限公司
成品尺寸　170 mm×240 mm　1/16
印　　张　12.25
字　　数　215 千字
版　　次　2022 年 12 月第 1 版　2022 年 12 月第 1 次印刷
定　　价　50.00 元

编写委员会

主　　笔　刘继芳　韩书庆　张　晶

副 主 笔　张建华　邢丽玮　程国栋

编写成员　（按姓氏笔画排序）

　　　　　王亚丽　王雍涵　孔繁涛　朱孟帅

　　　　　李大拓　吴建寨　沈　辰　迟　亮

　　　　　张洪宇　金东艳　周向阳　孟　涵

前　言

　　兽药是畜禽养殖的重要投入品，用于预防、治疗、诊断畜禽等动物疾病，直接关系动物健康和生命安全。近年来，兽药违禁滥用、假劣兽药制售等事件屡禁不止，不仅影响动物疫病的防控效果，还会导致过量药物在动物体内残留，严重影响动物产品质量安全。

　　为强化兽药质量安全监管、切实解决禁限用药物违法使用等问题，农业农村部对兽药产品实施全面追溯管理。2015 年 1 月，发布第 2210 号公告，明确全面实施兽药追溯制度，采用信息技术手段对兽药产品进行标识，建立兽药追溯信息系统，实现兽药生产、经营等环节可追溯管理。2019 年 6 月，发布第 174 号公告，进一步规范兽药生产企业追溯数据，对兽药经营活动全面实施追溯管理，在养殖场组织开展兽药使用追溯试点。2021 年 5 月，农业农村部、市场监管总局、公安部、最高人民法院、最高人民检察院、工业和信息化部、国家卫生健康委在全国联合实施食用农产品"治违禁、控药残、促提升"三年行动，严格兽药生产经营管理、管控上市农产品常规兽药残留超标问题。

　　我国兽药信息化监管日趋完善，兽药监管信息系统的建设经历了从单机版向网络版、移动客户端的转变，数据管理实现了从单一信息库向综合信息数据库的升级。基础信息管理建有"国家兽药基础数据库""国家兽药综合查询 App"等；审批环节建有"兽药行政审批系统""兽药产品批准文号核发系统"等；流通环节建有"兽药产品经营进销存系统"等；监督检验环节建有"兽医药检数据库""兽药监督检验信息管理系统"等；追溯环节以"国家兽药产品追溯系统"为中心，纵向贯通省级追溯系统，横向协同兽药产品批准文号和国家兽药基础信息查询等系统。

　　兽药全程信息智慧监管是实现兽药全过程追溯的关键。兽药全过程大数据智慧监管平台综合利用物联网技术、大数据技术和云平台技术，从兽药生产、流通、使用、监管的全过程、全链条出发，将物质流、过程流、技术流转变为实时的数据流、信息流、知识流，力求实现兽药全过程信息的正向追踪和反向溯源。兽药全过程大数据智慧管理平台的建设，可有效防控动物产品药残风险，促进畜牧业健康发展。

全书共 10 章，第一章概述兽药全过程大数据智慧管理平台的建设背景、建设意义、内涵和体系架构，详细描述平台建设的 5 项关键技术，介绍生产过程监测、流通与使用过程智能感知、兽药大数据分析预测方法、兽药智慧监管信息平台等主要内容；第二章重点回顾国外兽药监管信息化主要进展，归纳总结我国兽药产销全过程的审批、生产、流通、监督检验和追溯环节的信息化建设现状，以及我国兽药网络信息共享与应用取得的最新成效，提出我国兽药监管信息化发展方向及应对措施；第三章明确平台建设的目标、总体思路，形成了平台设计原则和数据库设计原则，设计平台架构和系统结构功能，细化平台建设和网络部署方案，分别从兽药的生产过程监控、流通过程监控、可追溯、大数据分析和可视化展示等方面，详细设计了系统的模块功能、模块结构和模块内容；第四章设计了兽药生产环境远程控制技术及装备，提出了兽药生产环境远程控制方法，详述了兽药生产环境远程控制设备的工作过程；第五至第八章分别详细介绍了兽药生产信息监管系统、兽药经营使用信息监管系统、兽药全过程追溯系统、兽药大数据决策分析系统的意义、作用和组成，以及各子系统的数据库建设和主要功能；第九章详细介绍了平台的组织管理、网络安全管理、运维管理、运行机制以及运行保障措施等内容；第十章总结平台的优势、解决的问题和应用前景，提出平台的改进措施，展望了兽药智慧监管未来的发展方向。

兽药全程信息智慧监管是一项复杂的系统工程，涉及多领域专业知识。由于作者水平有限，错误或不妥之处在所难免，诚恳希望同行和读者批评指正，以便今后进行改正和完善。

目 录

第一章　兽药全过程大数据智慧管理平台概述 ……………………… 1

　一、建设背景 ………………………………………………………… 2

　二、建设意义 ………………………………………………………… 3

　三、概念与内涵 ……………………………………………………… 5

　四、体系架构 ………………………………………………………… 5

　五、技术体系 ………………………………………………………… 6

　六、主要内容 ………………………………………………………… 8

　七、本章小结 ………………………………………………………… 16

　参考文献 …………………………………………………………… 16

第二章　兽药监管信息化建设现状 …………………………………… 19

　一、国外兽药监管信息化建设现状 ………………………………… 20

　二、我国兽药监管信息化建设现状 ………………………………… 21

　三、国内外兽药监管信息化对比分析 ……………………………… 27

　四、我国兽药监管信息化存在的问题 ……………………………… 28

　五、本章小结 ………………………………………………………… 29

　参考文献 …………………………………………………………… 29

第三章　总体设计与架构 ……………………………………………… 33

　一、建设目标 ………………………………………………………… 34

　二、总体思路 ………………………………………………………… 34

　三、设计原则 ………………………………………………………… 35

　四、平台架构 ………………………………………………………… 36

　五、系统结构 ………………………………………………………… 38

　六、网络部署 ………………………………………………………… 39

　七、系统设计 ………………………………………………………… 44

　八、本章小结 ………………………………………………………… 54

　参考文献 …………………………………………………………… 54

第四章 兽药生产环境远程控制技术及装备设计 ·················· **55**

一、兽药生产环境远程控制系统设计 ·················· 56

二、兽药生产环境远程控制方法 ·················· 58

三、工作过程 ·················· 58

四、本章小结 ·················· 59

参考文献 ·················· 60

第五章 兽药生产信息监管系统 ·················· **61**

一、兽药 GMP 生产企业组织机构及人员信息管理子系统 ·················· 62

二、兽药生产仪器设备协同管理信息子系统 ·················· 69

三、智慧兽药生产全过程信息监管子系统 ·················· 77

四、本章小结 ·················· 85

参考文献 ·················· 86

第六章 兽药经营使用信息监管系统 ·················· **87**

一、兽药 GSP 经营企业组织机构及人员信息管理子系统 ·················· 88

二、兽药经营企业仓储运输设备协同管理信息子系统 ·················· 95

三、兽药经营企业兽药流通信息管理子系统 ·················· 102

四、兽药流通全过程仓储信息追溯子系统 ·················· 108

五、兽药使用信息智慧管理 App ·················· 114

六、本章小结 ·················· 119

参考文献 ·················· 119

第七章 兽药全过程追溯系统 ·················· **121**

一、基于二维码的兽药基础信息查询子系统 ·················· 122

二、智慧兽药流向全过程追溯子系统 ·················· 130

三、兽药信息追溯系统 App ·················· 135

四、本章小结 ·················· 138

参考文献 ·················· 139

第八章 兽药大数据决策分析系统 ·················· **141**

一、兽药生产大数据智慧管理子系统 ·················· 142

二、兽药经营大数据智慧管理子系统 ·················· 148

三、规模养殖大数据智慧监管子系统 ·················· 155

四、本章小结 ·················· 161

参考文献 ·················· 162

第九章　运维管理与运行机制 ……………………………………… **163**
　一、组织管理 ……………………………………………… 164
　二、网络安全管理 ………………………………………… 164
　三、运维管理 ……………………………………………… 167
　四、运行机制 ……………………………………………… 168
　五、运行保障措施 ………………………………………… 170
　六、本章小结 ……………………………………………… 170
　参考文献 …………………………………………………… 171

第十章　平台优势与展望 …………………………………………… **173**
　一、平台优势 ……………………………………………… 174
　二、解决问题 ……………………………………………… 177
　三、应用前景 ……………………………………………… 177
　四、改进措施 ……………………………………………… 179
　五、趋势展望 ……………………………………………… 180
　六、本章小结 ……………………………………………… 182
　参考文献 …………………………………………………… 182

第一章
兽药全过程大数据
智慧管理平台概述

新一代信息技术代表着新的生产力和新的发展方向。将大数据技术应用于兽药管理，建立兽药全过程大数据智慧管理平台，以实时监测和智能管理兽药生产、经营、流通和使用等全过程，提高兽药全产业链和全过程的质量，确保畜产品质量安全和人民群众"舌尖上的安全"，对于促进兽药产业现代化发展具有重要意义。本章从研究背景、目的与意义、概念与内涵、体系架构、关键技术、主要内容6个方面详细阐述了兽药全过程大数据智慧管理平台的基础理论，为平台的建设和应用提供了理论依据和方法论指导。

一、建设背景

兽药是特殊的商品，也是畜产品初级生产过程中最为重要的投入品，直接关乎动物健康和生命安全，而假兽药、药品质量不合格及养殖环节抗生素乱用等事件频繁发生。对兽药的监管和合理使用，与畜产品质量安全和畜牧业健康稳定发展直接相关。采用信息化手段，加强兽药质量监管、促进合理用药，可及时有效预防和治疗动物疾病、控制药物残留、提高动物产品品质。加强兽药监管信息化建设为推动兽药行业发展、促进兽药行业适应全球经济信息化大环境奠定基础。结合物联网、云计算、大数据和区块链等现代信息技术，建立兽药生产、经营、流通和使用全过程信息监管体系，整合兽药信息资源，建立兽药信息管理平台，加强兽药全过程信息互联互通，是实现兽药全过程追溯、提高兽药质量安全监管效力的重要途径，受世界各国高度重视[1]。

近年来，随着我国农业供给侧结构性改革的推进以及农业农村发展不断迈上新台阶，国家高度重视农产品质量安全，持续加强兽药等投入品质量安全信息平台建设[2,3]。2013年中央一号文件提出"强化农业生产过程环境监测，严格农业投入品生产经营使用管理"。2016年的中央一号文件提出"加快健全从农田到餐桌的农产品质量和食品安全监管体系，建立全程可追溯、互联共享的信息平台"。2017年的中央一号文件要求"健全农产品质量和食品安全监管体制，强化风险分级管理和属地责任，加大抽检监测力度。建立全程可追溯、互联共享的追溯监管综合服务平台"。2018年中共中央、国务院印发《关于实施乡村振兴战略的意见》，提出"实施食品安全战略，完善农产品质量和食品安全标准体系，加强农业投入品和农产品质量安全追溯体系建设。"2018年2月，《农业部关于大力实施乡村振兴战略加快推进农业转型升级的意见》提出"严格投入品使用监管，建好用好农兽药基础数据平台，加快追溯体系建设"。2019年中央一号文件指出"实施农产品质量安全保障工程，健全监管体系、监测体系、追溯体系"。2020年中央一号文件提出强化全过程农产品质量安全和食品安全监管，建立健全追溯体系，确保人民群众"舌尖上的安全"。

兽药质量安全是畜牧业健康发展的关键，兽药质量直接关系畜产品安全和人类健康。兽药对预防、控制动物疾病和促进畜禽生长具有重要作用，是畜牧业发展的重要投入品。近年来，随着畜牧业不断发展壮大，消费者对食品安全愈加重视，兽药监管工作的重要性也日益凸显[4]。兽药生产过程中的监测与控制，是进一步加强兽药质量安全监管的重要环节。加强兽药生产过程的监管，对于防治动物疾病，保障畜牧业发展、畜产品质量安全以及维护人民群众身体健康具有重要意义[5]。为提高兽药生产过程的质量，保障畜产品质量安全，确保人民群众"舌尖上的安全"，亟须对兽药生产环境实现智能控制。

当前已经进入信息化社会，计算机的使用范围已经深入社会各个层面，同样，如果兽药生产行业的生产及管理能够利用好计算机系统，无疑会扭转现在管理落后的局面，从根本上解决兽药GMP生产管理中出现的环境控制问题。

目前，大多数兽药生产厂车间的环境控制多为人为控制，兽药生产环境控制过程既费人工又不利于节约能源，且对于超过阈值情况往往不能做到及时报警，影响兽药的生产质量。且造成人力成本和经济成本的浪费。

二、建设意义

兽药全过程大数据智慧管理平台的建设，不仅是畜牧业绿色持续发展的需要，也为兽药产业不断发展和优化提供重要动力。其建设可有效防控兽药残留风险，促进畜牧业健康发展，有利于实现全国兽药"一张图"管理。

（一）有利于防控药残风险，确保畜产品质量安全

兽药残留是影响畜产品质量安全的重要因素。近年来，兽药残留超标事件时有发生，影响了我国畜产品进出口贸易，甚至引起社会恐慌。生产和销售假劣兽药、违法使用违禁兽药、不按规定滥用兽药等问题的存在，不仅会影响动物疫病的防控效果，还会使过量药物残留在动物体内，影响动物产品的质量安全，进而影响人的身体健康[6]。兽药生产与监管智慧管理信息系统的创新与应用，将直接促进兽药生产、流通、销售和使用的全链条标准化生产与过程监管，有利于保障畜产品质量安全。

兽药全过程大数据智慧管理平台的构建不仅能保证兽药生产过程中兽药生产关键控制点的识别与确定及关键控制点的完整检测指标体系建立，而且能实现对药物系统高效生产的控制与管理，使兽药真正"低毒高效"；不仅能利用其所具有的大单元包装标识与小单元包装标识的一对多拆分关联模型，通过其形成的拆分关联信息对兽药标识的对应与流通信息进行高效精准跟踪，

进而提升兽药流通过程中药物的整装整运及溯源查询效率；该平台将实现兽药销售使用环节中药物的使用监控，防止兽药残留超标。平台的建设和应用能够形成有效的兽药质量安全追溯体系，可有效确保畜禽养殖过程中兽药的正常使用，促进安全、优质的畜产品生产。

（二）有利于建设智慧畜牧，促进农业现代化发展

我国农业现代化建设，需要加快与信息技术、自动化技术、管理技术、智能装备的高度融合，形成具有智慧化管理的畜牧业，而兽药的监管是畜牧产业中的关键环节。平台将物联网技术与传统兽药行业深度融合，开创性地建立智慧兽药管理模式，实现传统兽药行业在线化和数据化。平台的应用，能够实现兽药全过程的动态监测、动态流动过程可视化展示和智能化管理；汇聚兽药生产、经营、仓储、使用等关键环节信息和网络热点信息，建立国家兽药大数据中心，能够为兽药监管大数据分析与处理提供数据支撑，实现兽药管理全过程监测与感知大数据的智慧监管与协同共享，有利于智慧畜牧建设。

兽药全过程大数据智慧管理平台将物联网技术、二维码标识技术、大数据技术、云平台技术、智能终端等"互联网+"技术创新地应用在农业领域，集成智慧兽药管理关键技术，形成兽药智能监管技术体系，实现了兽药生产监管自动化、流通可追溯，有效防止假药，突破了兽药生产管理方式落后、信息不对称、监管不严等问题，加强休药期和禁药期兽药使用监管效力，有效降低兽药残留，加强食物安全，提升了兽药生产和管理的标准化、智能化、精细化和精准化水平，助推我国农业现代化发展，为农业现代化建设插上科技的翅膀。

（三）有利于兽药智能管理，引领相关产业示范效应

秉承"一药一码、一码一畜，一一对应，全程溯源"的理念，通过在兽药产品包装上印制二维标识码，形成兽药生产、流通、仓储、使用的全过程追溯技术体系，能有效解决兽药流量流向信息与实际产销信息不匹配问题，真正达到从源头到动物的兽药溯源；同时，智慧兽药综合服务平台的建立，提供兽药追溯、兽药监管、数据分析和三维展示，为兽药科学监管提供综合决策支持和可视化服务，有利于兽药智慧化管理。

兽药全过程大数据智慧管理平台的构建与应用，能够改善传统兽药生产监管模式、对兽药产业具有提升的作用，能够建立一套规模化、信息化、智

能化的兽药生产、经营和使用监管技术体系，形成一系列数据共享、处理和分析以及技术共享的标准和规范，建立一套可推广、可复制、可应用的技术示范模式。该平台的建设和应用，能够对饲料、农药、化肥、人药以及农产品质量安全追溯体系等相关领域产生借鉴作用和辐射带动效应，形成新领域的生产和经营形式、应用技术创新方式和应用模式，从而提升我国农业信息化建设水平，推动"四化"同步发展。

三、概念与内涵

兽药全过程大数据智慧管理平台即综合利用物联网技术、大数据技术和云平台技术，从兽药生产、流通、使用、监管的全过程、全链条出发，将物质流、过程流、技术流转变为实时的数据流、信息流、知识流，从而实现全过程动态感知。通过聚集兽药生产、经营、使用数据以及畜禽养殖、饲草饲料、动物检疫以及畜禽屠宰等数据，建立贯穿兽药全过程的数据资源中心。应用分布式数据存储方法与并行计算理论，设计数据存储集群技术和兽药海量数据的处理技术架构，研创具有海量数据、多源异构、全产业链特性的兽药大数据构建及分析技术。构建并嵌入智能模型，通过研究动物疫病发生、流行和暴发规律，建立兽药用量与动物疫病关联模型，动态绘制动物疫病暴发现状及演化模式空间分布图，结合动物疫病暴发历史数据、兽药流量流向、养殖环境与饲养方式等时空数据，结合深度学习等大数据挖掘技术，研建基于兽药大数据的动物疫病分析预测模型，实现疫病暴发源头和警情的早期精准预警。创建具有海量数据、多源异构、全产业链特性的兽药大数据中心，建立基于大数据的动物重大疫病疾病精准预测体系，实现兽药全程实时监测与智慧预警，从而有效防控兽药残留风险，保障畜产品质量安全。

四、体系架构

兽药全过程大数据智慧管理平台从兽药生产、流通、使用、管理的关键环节入手，针对兽药生产环节，研究兽药生产 HACCP 关键控制点的识别与监测技术，研发 GMP 的兽药生产关键点动态实时感知技术设备，探索生产操作规范的视频分析方法，优化设计兽药最小销售单元的追溯编码，实现兽药生产过程的动态信息监测。针对兽药流通和使用环节，构建兽药流通追溯关联模型，研究物流包装标识聚合拆分转换方法，研究兽用生物制品冷链运输物联网实时感知技术和兽药使用"一对一"匹配技术，实现兽药流通与使用过程的智能感知。针对兽药监管理环节，搭建兽药智慧监管信息平台，设计基于云平台的兽药管理系统架构，研发兽药数据交互及动态提取系统和时空分布模拟仿真与三维展示系统，研制兽药信息溯源智能终端，为贯穿兽药全产业链动态信息流动过程监控提供支持。针对智慧兽药管理系统的示范应用，选取上规模、有代表性的兽药生产、经营和监管单位，进行智慧兽药管理系统的示范与推广应用，进一步熟化与升级智慧兽药管理系统，完善系统的功能、可靠性和可操作性。针对兽药大数据分析预测，聚集兽药生产、经营、使用、网络热点数据信息，设计兽药大数据处理架构，研究兽药流量流向信息 GIS 可视化方法，在兽药大数据基础上，探索食品安全溯源和动物疫病预测分析理论方法，深入开展兽药全过程大数据预测预警研究。

以兽药最小销售单元标识信息为基础，应用物联网、大数据、云平台等现代信息技术，融合兽药 HACCP 和 GMP 等生产流通规范，研制兽药生产、流通、使用环节关键点信息感知技术与设备，及时监测与收集兽药全过程动态信息，形成贯穿全产业链的数据链，并构建集兽药追溯、兽药监管、数据分析、三维展示于一体的综合服务平台，实现兽药生产、运输、仓储、销售及流通等全过程信息的综合查询、多维检索、追溯跟踪、过程管理、统计分析、决策支持和模型预测，为兽药的智慧监管提供技术支持。

五、技术体系

兽药全过程大数据智慧管理平台涉及生产、流通、使用、管理等多个环节，是物联网、大数据和云平台等现代信息技术与兽药管理的深度融合。其技术体系是通过感知、传输、处理、追溯、预测、可视化，将兽药全产业链动态信息进行空间分布演化与分析预警，以提供更透明、更智能、更泛在、更安全的一体化服务。其技术体系包括了兽药全程可追溯技术、兽药生产关键点动态实时感知技术、兽药海量数据存储与并行计算处理技术、基于兽药大数据的动物疫病分析预测模型技术、兽药流量流向可视化展示技术等 5 项关键技术，如图 1-1 所示。

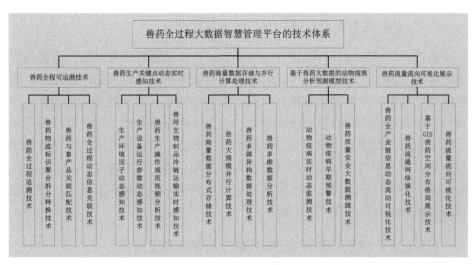

图 1-1 兽药全过程大数据智慧管理平台的技术体系

（一）兽药全程可追溯技术

针对兽药产业的全过程、全要素和全系统，从原料进厂开始，设计兽药最小销售单元追溯编码及水印加密技术，建立兽药大数据的多源异构数据字典，研发相关物联网技术装备，动态实时感知生产、流通等环节的关键信息，通过兽药物流包装标识聚合拆分转换模型，结合猪牛羊 RFID 标识码及群体特征标识码，形成兽药全过程的信息链条，集成创新兽药全程可追溯、可溯源、可监管的技术体系。

（二）兽药生产关键点动态实时感知技术

运用 HACCP 原理，划分出兽药生产流程关键控制点和一般控制点，依托农业物联网和无线感知技术，在生产厂房、设备、仓储、管道、运输等关键点，布设温度、湿度、大气压、光照、风速、气体、粉尘等传感器，并通过仿真与测试感知节点信号强度，形成最佳布局方案，实现关键区域生产信息的全网络覆盖和无缝衔接。针对无法通过环境传感器感知的关键控制点，分析确定需要进行视频监测的内容，包括：设备运转情况、物品存放位置、影响兽药质量安全的关键操作及操作时间节点等，形成基于 GMP 的视频监测目录，全方位覆盖兽药生产操作环节。

（三）兽药海量数据存储与并行计算处理技术

兽药大数据既包括兽药研发、生产、经营与监管等业务数据，也包括养殖、屠宰、质检、防疫、饲料、农作物等相关数据，以及网络热点信息。既有结构化数据、半结构化数据，也有非结构化数据；既有静态历史数据，也有动态即时数据；既有空间分布数据，也有时间序列数据。建立贯穿兽药全过程的数据资源中心，应用分布式数据存储方法与并行计算理论，设计数据存储集群技术和兽药海量数据的处理技术架构，研创具有海量数据、多源异构、全产业链特性的兽药大数据构建与分析技术，实现兽药管理全过程追溯动态信息资源的快速提取与计算。

（四）基于兽药大数据的动物疫病分析预测模型技术

基于动物疫病发生、流行和暴发规律，建立兽药用量与动物疫病关联模型，动态绘制动物疫病暴发现状及演化模式空间分布图，结合动物疫病暴发历史数据、兽药流量流向、养殖环境与饲养方式等时空数据，应用神经网络、机器学习和统计分析等大数据分析挖掘技术并集成创新，研建基于兽药大数据的动物疫病分析预测模型，实现疫病暴发源头和警情的早期精准预警。

（五）兽药流量流向可视化展示技术

针对兽药流量流向数据多源多尺度属性，基于兽药大数据中心整合集成的时空数据资源，将兽药实际产销状况转换为兽药流量流向数据，构建不同时空粒度的可视化展示模型，应用 ArcGIS 二次研发平台，综合运用组件式开发、嵌入式开发等技术，创新模块化开发和应用，实现兽药流量流向与 GIS 的深度耦合和情景模拟，动态绘制兽药时空变化格局一张图，并三维可视化展示兽药时空演化特征。

六、主要内容

（一）兽药生产过程实时监测

1. 兽药生产 HACCP 关键控制点的识别

兽药生产环节是保证畜禽用药安全的基础与关键。规范兽药生产流程，防范各种风险，从源头保障兽药质量安全，是防止不合格兽药流向市场的重要措施。一是构建兽药生产过程的风险因子指标体系。从原料进厂到兽药产品出厂的全部生产过程中，筛选出影响兽药质量水平的有关环节，明确兽药生产各个环节存在的风险因子及其危害程度，建立兽药生产过程的风险因子指标体系，为兽药生产过程风险评估提供测算依据。二是分析评价兽药生产关键控制点。运用 HACCP 原理，依据 CCP 决策树对兽药生产过程的风险因子进行分析，综合运用层次分析法，构造风险因子危害程度判断矩阵，结合专家打分计算兽药生产关键点危害程度指标权重，划分出兽药生产流程关键控制点和一般控制点[7]。三是确定关键控制点的关键限值及监测频率。研建兽药生产环节控制点的关键限值表，明确其合理波动范围，并划分控制等级，为实现自动感知与智能控制提供操作节点。采集并抽取关键控制点不同监测频率的监测数据，综合比较分析关键控制点的危害等级、发生频率、紧急程度、监测难度、监测成本等相关因素，制定关键控制点的监测频率指南，为关键控制点的科学合理监测提供依据。

2. 基于 GMP 的兽药生产关键点动态实时感知技术

有效控制兽药生产关键点是保障兽药质量安全的首要条件，关键点的动态实时感知有利于防范兽药质量安全风险事件的发生。一是筛选关键控制点的传感器。基于兽药生产过程的风险因子指标体系，测试温度、湿度、压力、粉尘等不同传感器在生产厂房、设备、仓储设施、管道等不同应用环境条件下的性能指标，如准确度、精确度、免维护工作时长、使用寿命等，筛选能够满足关键控制点感知需求的多种传感器。二是研发关键控制点的感知设备。基于已筛选出的关键控制点感知传感器，利用电子电路开发和 PCB 板制作技术，进行 STC12 单片机、传感器、无线通信模块等电子元器件的集成设计，开发关键控制点的感知设备，实现对关键控制点的动态实时监测。三是研究感知节点的仿真模拟。从丢包率、平均延时、接收信号强度等网络性能角度，分析比较 ZigBee、NB-IoT、433 MHz 等无线传输技术，针对不同兽药厂的地理位置、气候条件、厂房布局以及仪器设备摆放情况，仿真与测试兽药生产环境感知节点，形成最佳布局方案，实现关键区域生产信息的全网络覆盖和无缝衔接。

3. 基于视频分析的生产操作规范识别

良好的生产操作规范是 GMP 的重要内容，是合格兽药生产的前提条件，也是防止出现兽药质量安全事故的保障。用视频监控带来的好处，一是确定生产操作视频监测内容。针对无法通过环境传感器感知的关键控制点，分析确定需要进行视频监测的内容，包括：设备运转情况、物品存放位置、影响兽药质量安全的关键操作及操作时间节点等，形成基于 GMP 的视频监测目录，全方位覆盖兽药生产操作环节。二是建立兽药生产操作知识库。针对兽药生产操作规范识别难度大的特点，依据兽药 GMP，梳理兽药生产关键控制点岗位工作人员标准操作规程，重点研究抗原制备、配制和分装等接触制品的岗位操作流程，构建出兽药的生产操作流程知识库，为开展兽药生产操作规范智能识别奠定基础。三是探索基于迁移学习的兽药生产操作规范图像识别算法。利用 VGG 深度卷积神经网络提取视频序列中操作行为特征，依据知识库的图像标签信息，构建基于 RCNN 的深度学习视频图像操作行为规范识别模型，并结合兽药生产关键点动态实时感知平台的监测数据，智能诊断工作人员的生产操作是否与标准知识库相吻合并及时预警，自动生成岗位操作记录，避免人为差错的发生。

4. 兽药最小销售单元的追溯编码设计

兽药最小销售单元的追溯载体与编码是兽药的唯一标识，也是其追溯动态信息关联的基础，更是兽药全过程质量追溯的关键与核心，迫切需要对其编码规则与防伪技术进行深入研究。一是研究兽药最小销售单元的编码设计。以国家兽药产品追溯系统《追溯码及数据交换文件规范》为基础，深入分析兽药溯源信息需求，总结归纳兽药最小销售单元的追溯码、产品名称、批准文号、生产企业名称、生产日期等必要关键信息，基于 RS 编码原理，设计最小销售单元的编码结构和规则，优化提升扫描兽药追溯 QR 条码所获取的有效信息量。二是研究兽药追溯码水印防伪加密技术。为遏制假劣兽药流通，解决兽药防伪难题，在兽药产品电子追溯码的基础上，研究兽药追溯码水印防伪加密技术，重点突破具有高鲁棒性的水印嵌入和提取算法，在追溯码中嵌入不可见的水印防伪信息，构建一套高效、低成本的兽药追溯码防伪系统，实现兽药追溯码不能复制、不能修改、不能假冒的功能，为肃清兽药市场提供技术保障。

（二）兽药流通与使用过程智能感知研究

1. 基于 GSP 的兽药流通过程追溯关联模型构建

兽药流通过程信息的动态关联，既是兽药全程可追溯的关键，也是兽药大数据监管的基础。一是研建流通环节关键信息采集目录。针对兽药从出厂到动物使用流通过程中涉及的重要环节，参照 GSP 药品经营质量管理规范，结合实地调研与专家座谈，明晰兽药流通过程中涉及的物流运输、仓储、兽药检测、经销分配、动物使用 5 个环节的关键信息，建立流通环节关键信息采集目录,以详细记录流通环节关键数据,形成贯穿流通过程的信息链、数据链,保证关键信息的记录及信息载体的识别。二是构建基于兽药最小单元的追溯关联模型。根据"一药一码,全程追溯"思路,以兽药最小单元个体追溯标识为主线,结合流通环节关键信息采集目录,建立兽药追溯标识与流通过程环节关键信息映射关系,形成基于兽药最小单元的追溯关联模型,实现兽药流通过程信息的正序查询及反序追溯,确保兽药的信息流与实物流同步。

2. 兽药物流包装标识聚合拆分转换方法研究

兽药在流通过程中存在较多包装转换现象,包装大小的转换容易造成标识的不对应,以至于追溯信息不能关联,影响兽药的全程追溯。为解决这一问题,一是建立多对一聚合关联模型。针对兽药从小单元包装到大单元包装的聚合过程,根据小单元包装与大单元包装上的标识编码与包装数量,建立多对一的聚合关联模型,形成聚合关联信息表,通过其关联对应关系,建立包装聚合过程关联规则,形成不同包装之间的多级关联关系,实现兽药小单元包装批次编码与大单元包装编码的转换,进而获得兽药小单元包装标识与流通信息的同步交互。二是建立一对多拆分关联模型。针对兽药从大单元包装到小单元包装的拆分过程,建立大单元包装标识与小单元包装标识的一对多拆分关联模型,形成拆分关联信息表,实现兽药大单元包装标识编码与小单元包装标识编码的转换,促进兽药标识的对应以及流通信息的跟踪。

3. 兽用生物制品冷链运输实时感知技术研究

兽用生物制品在运输过程中有极为严格的要求,迫切需要开展其冷链运输过程中环境信息的实时动态感知研究。一是制定运输过程中环境因子控制标准。从兽用生物制品在运输过程中的环境条件出发,基于确保兽用动物制品质量视角,着手研究不同温度、湿度、光照、气压等环境因子对兽用生物制品的影响,划分兽用生物制品环境适应等级,制定相应运输环境因子控制标准。二是研制兽药冷链运输过程监测的物联网解决方案。针对兽用生物制品冷链物流过程监测难的问题,基于温湿度、光照强度、气压等传感器,研制适合于兽药冷链运输的实时监测装置,结合无线传输技术和 GPS 定位技术,提出兽药冷链运输环境监控、实时定位、无线传输于一体的物联网技术解决方案,实现兽药运输轨迹与环境信息的正向追踪。三是研究兽药运输车厢立体环境感知模拟方法。基于研制的物联网装置,探索兽药在运输车厢内不同时间和空间的环境分布规律,构建兽药运输立体监测控制模型,实现兽用生物制品运输过程的环境最优控制。

4.兽药与畜禽"一对一"匹配技术研究

兽药在养殖场使用环节的监管一直是追溯的难题，迫切需要秉承"一药一码、一码一畜，一一对应，全程溯源"理念，开展兽药最小销售单元与畜禽个体使用"一对一"匹配技术研究[8, 9]。一是构建猪牛羊标识与兽药标识的"一对一"关联匹配模型。针对猪牛羊等具有唯一 RFID 标识特征，厘清猪牛羊与最小单元兽药标识载体和编码的差异性，建立不同标识载体编码映射关系，构建猪牛羊标识与兽药标识的"一对一"关联匹配模型，最终形成大牲畜接受兽药的时间、地点、名称、兽药标识编码等匹配信息表，实现兽药与大牲畜的关联匹配。二是研究栋舍群体标识与兽药标识的关联匹配方法。针对家禽具有栋舍群体标识特征，构建栋舍群体标识与兽药标识的关联匹配模型，确保一栋或一舍家禽群体与兽药标识的"一对一"对应关系。三是构建兽药使用视频监测网络。针对畜禽养殖休药期以及违禁药物的监管问题，基于远程红外摄像机，构建兽药使用视频监测网络，对休药期与禁药期畜禽进行全方位视频监控，防止兽药残留超标。

（三）兽药大数据分析预测方法研究

1.兽药大数据信息处理方法研究

兽药全产业链涉及多个数据信息来源，且数据格式多样、关系复杂，需对兽药大数据信息进行梳理与聚集。一是设计兽药全过程监测信息汇聚策略。针对兽药的生产、经营、使用等全过程信息环节，在兽药生产、流通与使用过程智能感知设备获取数据基础上，以兽药生命周期为主线，结合畜牧养殖、饲料生产、牲畜屠宰以及网络热点等配套信息，设计兽药全过程监测信息汇聚策略，形成贯穿兽药全链条的综合数据资源池。二是研究兽药多源异构数据处理方法。针对数据资源往往存在不一致、缺省、含噪声、维度高等特点，从数据的标准化与格式化处理出发，充分分析不同来源数据历史数值的规律，结合大数据的清洗、集成、变换与规约理论，构建兽药多源异构数据处理模型，实现数据的标准化与归一化，提高数据的质量。三是搭建基于 OLAP 的兽药多维数据模型。以数据仓库作为基础，分别以数据的时间维、空间维、属性维为子集，形成多维数据虚拟空间，应用 OLAP 多维联机处理理论，搭建一个面向对象的兽药多维数据模型，以实现高维汇总矩阵和低维细节关系的数据展示。

2.基于 GIS 的兽药流量流向信息可视化方法研究

兽药流量流向的时空可视化演示与动态分析是兽药监管的重要手段，分别从时间、空间和全产业链等多个维度，开展兽药流量流向信息可视化方法研究。一是构建兽药流通演化模型的网络拓扑图。从空间维度、时间维度、品种维度、销售链维度出发，分析不同区域尺度上的兽药全程追溯的关系、路径、速度、强度，确定兽药销售方向，明确兽药流通的源头、节点、路径和使用地，初步构建起不同时间和空间兽药流通演化的网络拓扑图[10]。二是研究兽药空间分布格局展示方法。基于GIS空间分析算法和数据可视化展示技术，构建不同时空维度的兽药空间分布格局展示模型，分析兽药流量和流向等关键信息在不同的时空尺度下的空间分布格局演变过程。三是建立兽药流量流向可视化模型。在不同时空尺度上，分析兽药从生产、运输、仓储、销售、流通到使用的一系列环节的时空变化规律，研究兽药全产业链信息动态流动过程的可视化展示方法，为兽药科学监管提供综合决策支持信息和可视化服务。

3. 基于兽药大数据的食品安全溯源研究

开展兽药质量安全大数据溯源技术研发，实现全国兽药产品流向可追踪、责任可追查，为行业提供兽药追溯服务。一是构建兽药全过程动态信息关联模型。研究兽药溯源异构数据字典，建立兽药标识信息与基础信息和动态实时信息的纵向串联映射关系，建立集兽药数据信息、图像信息、视频信息的横向映射关系，形成兽药全过程动态信息关联模型。二是研究畜产品与兽药标识的关联方法。针对畜产品兽药残留超标问题，基于兽药标识与畜禽标识一一对应关系和兽药正向追溯和反向溯源技术，提出畜产品质量安全溯源技术，进行兽药使用情况追溯，实现盲目用药、超剂量用药和休药期用药等导致的兽药残留超标问题的快速追责。三是研究基于大数据的畜产品质量安全分析预测技术。运用GIS空间分析技术，根据兽药流量流向和区域养殖状况，形成兽药流量流向空间分布模式；应用大数据挖掘技术、智能分析技术，探索畜产品兽药残留与兽药流量流向的相关关系，研判某种特定兽药在畜产品中的残留风险，构建基于兽药大数据的畜产品质量安全分析预测模型，实现畜产品兽药残留风险的早期预警和及时防范。

4. 基于兽药大数据的动物疫病预测分析

禽流感、口蹄疫、猪瘟、新城疫等动物疫病具有种类多样、危害严重、常见多发特点，迫切需要对其进行预测分析研究。一是揭示动物疫病流行规律。针对各种畜禽的不同流行性疫病，借助兽药流量流向大数据，结合其暴发的危害性、扩散速度和流行性特点，研究动物疫病发生、流行和暴发规律，建立动物流行病知识库。二是构建动物疫病实时动态发展模型。根据特定区域兽药使用的品种和用量，结合动物养殖的种类和数量，建立兽药用量与动物疫病关联模型，绘制动物疫病暴发现状图，追踪动物疫病实时发展动态。三是研究动物疫病早期预警方法。分析不同种类兽药流量流向与特定动物疫病暴发相关关系，结合动物疫病暴发历史数据、兽药流量流向历史数据和养殖区域、规模、饲养环境、气候条件、气象变化条件和饲养方式等时空大数据，基于事例推理、决策树、规则推理、人工神经网络等数据挖掘理论，构建基于兽药数据挖掘的动物疫病预测分析模型，实现动物疫病的早预警、早防控。

（四）兽药智慧监管信息平台研建

1.基于云平台的兽药管理系统架构设计

信息资源的存储与计算是大数据处理与分析的重要支撑，更是兽药智慧监管信息平台的关键，其能力的大小决定着整个平台的运行效果。一是研发兽药海量数据分布式存储技术。梳理并分析兽药及相关产业数据类型、数据量、数据存储方式，结合分布式存储的数据文件管理方法，充分考虑海量数据存储的扩展性和一致性，应用元数据集群的负载平衡技术和热点文件处理技术，设计兽药信息云存储资源管理架构，实现兽药管理全过程追溯动态信息资源的管理。二是研究兽药大数据大规模并行计算方法。分析并梳理兽药基础性数据信息和动态的流通信息，计算兽药分布式数据存储能力，设计大规模并行计算功能，结合 Spark 并行计算框架，构建国家兽药数据并行计算架构，实现海量数据的批处理与流处理能力，为大数据分析与处理提供底层基础。三是研究兽药数据异地灾备策略。在中国农业科学院新乡基地基础上，针对兽药灾备数据的一致性和同步性，设计数据库内存刷新机制，基于 Agent 确认模式，搭建有良好扩展能力的网络备份架构，实现兽药数据远程备份和及时恢复。

2.兽药数据交互及动态提取分析系统构建

兽药数据交互及动态提取是兽药信息有效监管的核心，以基于云平台的兽药管理信息综合服务系统架构为支撑，基于 JavaEE 平台，研发 B/S 模式的兽药数据交互及动态提取系统。一是研究数据交互及转换机制。基于 XML 技术建立多源异构兽药大数据转换方法，应用 SDO 数据服务对象研建统一规范的数据接口，采用请求应答机制设计分布式数据交互机制，实现兽药大数据的动态交互，并与国家兽药基础信息查询系统、国家兽药产品追溯系统和兽药审批文号远程申报系统等现有系统实时对接。二是构建基于权限分类的动态数据提取模型。针对兽药全过程的不同用户主体，结合使用目的与权责，制定用户权限划定标准，基于最优搜索理论，构建基于权限分类的动态数据提取模型，对国家及各省、市、县级监管部门、生产企业、经营企业和普通用户采取分层设计、分层赋权原则，确保兽药质量可监控、过程可追溯、政府可监管。三是研究兽药多维数据分析技术。针对存储在分布式数据库中的多源异构海量兽药数据，以 Microsoft SQL Analysis Services 数据挖掘服务为支撑，研究多维数据立方体构建方法，结合 MapReduce 并行计算框架，研建多维数据关联索引模型，实现兽药生产、流通和使用全过程信息的综合查询、多维检索、追溯跟踪、过程管理和统计分析。

3. 兽药时空分布模拟仿真与三维展示系统研发

在兽药数据交互及动态提取系统基础上，基于 JavaEE 平台，研发 B/S 模式的兽药时空分布模拟仿真与三维展示系统，为兽药监管部门提供统计分析和数据挖掘结果，提高宏观决策能力，加强监管效力和服务能力。一是研发基于 ArcGIS 的兽药时空分布模拟仿真组件。应用 ArcGIS ArcEngine 二次开发平台的图层控制组件接口，以兽药流量流向时空分布为主体，结合应用信息管理技术、数据库技术、计算机编程技术等，为各区域兽药产销企业和大型养殖户建立一个图层作为兽药流量流向数据库中组织数据的基本单元，探索基于 ArcGIS 的兽药流量流向时空分布模拟技术，实现兽药流量流向的时空分布模型的组件研发。二是研建兽药流量流向时空分布的三维可视化展示模块。应用 ArcGIS ArcEngine 二次开发平台的 ArcGlobe 组件接口，研究网络三维场景创建、显示、输出技术，探索兽药流量流向时空分布三维可视化模拟技术，实现兽药时空分布及全产业链动态流动过程的三维可视化展示。三是构建动物疫病分析预测情景模拟与预警案例模块。结合 ArcGIS ArcEngine 二次开发平台的图层控制和空间分析组件接口，基于兽药用量与动物疫病关联模型，探索动物疫病暴发及实时发展的动态可视化展示技术，以兽药大数据的动物疫病预测分析模型为支撑，研究动物疫病分析预测情景模拟方法，以示范区为对象，考虑兽药使用的品种和用量，结合动物养殖的种类和数量，模拟动物疫病暴发情景，建立动物疫病自动预警机制，实现基于 ArcGIS 的动物疫病暴发源头、暴发情景的可视化展示以及动物疫病的早期预警。

4. 兽药信息溯源智能终端研发

基于 Android 开发和移动互联网技术，研发兽药管理智能终端，实现兽药产品相关基础信息查询及兽药生产流通信息全程可追溯。一是研发兽药信息溯源智能终端设备。针对兽药网络环境的复杂性，研究自适应网络切换算法，实现无线通信网络自动切换，充分考虑智能终端的应用场景、环境适用性,试验高性能材料,研制智能终端防护封装技术,结合高速灵敏读码需求,研发兽药二维码专业扫码引擎,在 ARM 处理器基础上,集成最新总线技术,研制兽药信息监管专用智能终端,实现兽药信息溯源智能终端的便携化、智能化、高效化和人性化。二是研发兽药信息溯源智能终端应用。应用 Spring for Android 框架,结合兽药二维码图形预处理与译码技术,研发兽药追溯标识快速识别方法,基于兽药包装标识聚合拆分转换方法,研建兽药标识与兽药全过程信息自动关联模型,采用观察者模式,设计网络通信和兽药信息查询快速响应机制,构建基于二维码或属性信息的兽药全过程信息查询方法,集成兽药信息溯源 App,实现兽药全程追溯和相关信息快速精准查询。三是兽药二维码追溯案例研究。基于研制的兽药信息溯源智能终端,结合兽药追溯标识快速识别技术和兽药全过程信息自动关联技术,研究二维码标识在兽药生产、流通和使用过程中的追溯应用方法,打造兽药全过程的任意环节信息实时动态追溯最佳实践案例。

七、本章小结

兽药全过程大数据智慧管理平台的建设,可有效防控兽药残留风险,促进畜牧业健康发展,有利于实现全国兽药"一张图"管理,这不仅是畜牧业绿色持续发展的需要,也是兽药产业不断发展和优化的重要动力。本章首先介绍了兽药全过程大数据智慧管理平台的研究背景;其次,分别从防控药残风险、建设智慧畜牧、兽药智能管理角度阐述其目的与意义,介绍了兽药全过程大数据智慧管理平台的内涵和体系架构;再次,详细描述了兽药全程可追溯、兽药生产关键点动态实时感知、兽药海量数据存储与并行计算处理、基于兽药大数据的动物疫病分析预测模型、兽药流量流向可视化展示等 5 项关键技术;最后,详细介绍了生产过程监测、流通与使用过程智能感知、兽药大数据分析预测方法、兽药智慧监管信息平台等主要内容。通过对背景、意义、内涵、体系架构、关键技术、主要内容的详细阐述,构建了兽药全过程大数据智慧管理平台的基础理论,为兽药全过程大数据智慧管理平台的建设与研发应用提供了基础支撑。

参考文献

[1]刘业兵,刘建柱.猪场兽药规范使用手册[M].北京:中国农业出版社,

2018.

［2］傅泽田，邢少华，张小栓．食品质量安全可追溯关键技术发展研究［J］.
农业机械学报，2013，44（7）：144-153.

［3］杨信廷，钱建平，孙传恒，等．农产品及食品质量安全追溯系统关键技
术研究进展［J］.农业机械学报，2014，45（11）：212-222.

［4］刘继芳，张建华，吴建寨．"物联牧场"理论方法与关键技术［M］.北京：
科学出版社，2018.

［5］吴启发．新时期保障畜产品质量安全的措施与建议［J］.中国动物保健，
2013（6）：11-14.

［6］孔繁涛．畜产品质量安全预警理论与方法［M］.北京：中国经济出版社，
2009.

［7］中国农业科学院研究生院．水产品质量安全与 HACCP［M］北京：中国
农业科学技术出版社，2008.

［8］熊本海，傅润亭，林兆辉，等．生猪及其产品从农场到餐桌质量溯源解
决方案——以天津市为例［J］.中国农业科学，2009，42（1）：230-
237.

［9］杨亮，潘晓花，熊本海，等．牛肉生产从养殖到销售环节可追溯系统开
发与应用［J］.畜牧兽医学报，2015，46（8）：1383-1389.

［10］孔繁涛，张建华，吴建寨．农业全程信息化建设研究［M］.北京：科学
出版社，2016.

第二章

2

兽药监管信息化建设现状

兽药关乎动物健康和生命安全。采用信息化手段，加强兽药质量监管、促进合理用药，可及时有效预防和治疗动物疾病、控制药物残留、提高动物产品品质。

兽药监管信息化建设为推动兽药行业发展，促进兽药行业适应全球经济信息化大环境奠定基础。结合物联网、云计算、大数据和区块链等现代信息技术，建立兽药生产、经营、流通和使用全过程信息监管体系，整合兽药信息资源，建立兽药信息管理平台，加强兽药全过程信息互联互通，是实现兽药全过程追溯、提高兽药质量安全监管效力的重要途径，受世界各国高度重视。

一、国外兽药监管信息化建设现状

目前，多国已相继建成信息相对集中、更新及时、内容丰富、使用便捷的兽药信息资源体系，实现了兽药质量安全监管效率的不断提升。世界卫生组织（World Health Organization，WHO）、联合国粮食及农业组织（Food and Agriculture Organization，FAO）和世界动物卫生组织（World Organisation for Animal Health，WOAH，也称"国际兽医局"）等国际组织积极推进兽药信息资源建设，促进了兽药信息资源体系的系统化和完整化。

美国农业部国家食品与农业研究所建立的食用动物药物残留防控数据库（Food Animal Residue Avoidance Databank，FARAD），管理包括畜禽产品生产过程涉及的兽医药剂学、药物动力学和药物理化性质等信息。数据库的信息可通过美国的 3 个区域访问中心获取，未来将有可能被直接访问[1]。此外，美国食品安全监察署（Food Safety Inspection Service，FSIS）和食品药品监督管理局（Food and Drug Administration，FDA）建立了残留危害信息系统（Residue Violation Information System，RVIS），提供屠宰后的家畜家禽产品中存在的兽药残留问题以及由于违章操作造成的残留物案例和相关数据等多方面信息，便于食品安全监察署、食品药品监督管理局和州政府及时掌握信息并做出相应处理，控制和预防兽药残留[2]。

鉴于食品的国际化，联合国粮食与农业组织筹建的全球性食用动物药物残留防控数据库（global FARAD，gFARAD）获法国、中国和加拿大等多国资助。数据库主要收集、组织、分析和共享药物残留信息及相关政策，提供多种解决环境污染、药物和杀虫剂残留等的方法，包括兽药产品类型、剂量、屠宰的休药期、经营管理路线、活性成分、使用或指示等兽药相关的信息，确保国际食品安全[3]。

加拿大食品检察署（Canadian Food Inspection Agency，CFIA）设立了危害分析关键控制点（Hazard Analysis Critical Control Point，HACCP），按照设定模式对农场实施机制化管理，对屠宰后的畜禽产品进行相关数据的跟踪监测，确保畜牧产品的质量[2]。此外，加拿大卫生部还建立了药品数据库（Drug Product Database，DPD），用于药品的批准、上市和撤销等信息的管理[4]。

欧盟食品安全局（Eruopean Food Safety Authority，EFSA）建立了兽药残留限量标准查询数据库，包含方法数据库、分子数据库、法规数据库、监控计划数据库和食品消费数据库 5 个专题子库，汇集了兽药残留的筛选和确证分析方法、食用动物中可能存在的残留物质的基本信息和相关法规的详细目录、比利时农业部和兽医检查所在实施残留监控计划后汇总的数据以及按不同动物种类分类的肉类消费等信息[5]。

二、我国兽药监管信息化建设现状

我国兽药质量管理法律法规日臻成熟，实现了兽药研制、生产、经营、使用和监督管理各环节均有章可循，有效保障兽药品质稳定、安全，如新兽药实验室研发阶段实行《兽药非临床研究管理规范（兽药 GLP）》、临床前研究阶段实行《兽药临床试验质量管理规范（兽药 GCP）》，兽药生产阶段实行《兽药生产质量管理规范（兽药 GMP）》、流通阶段实行《兽药经营质量管理规范（兽药 GSP）》、使用阶段实行《兽药残留限量标准（MRLs）》。同时，兽药各环节信息化管理水平日益提升，在兽药审批、基础信息管理、生产经营管理、监督抽检统计和兽药来源及流向追溯等方面均实现了信息化。

（一）兽药网络信息共享与应用展示

我国兽药监管信息化对外应用环节主要建有用于发布兽药药品政务和行业公共信息的中国兽药信息网门户网站和手机 App，为兽药产业技术联盟成员提供科技互动、资源共享平台的国家兽药产业技术创新联盟网站，以及兽药基础信息查询系统和"国家兽药查询"手机客户端 App。

1. 中国兽药信息网

中国兽药信息网是国家兽医药品公共信息和政务信息的重要发布平台，由中国兽医药品监察所（简称中监所）和农业农村部兽药评审中心共同主办。网站提供丰富的兽医药品政务和行业公共信息，宣传国家兽医药品政策法规和科研进展、普及推广相关科学知识，提供兽药基础信息查询和电子追溯等服务。并于 2017 年上线移动门户，其内容源于网站并按移动互联网特点整合和展现，采用跨平台引擎创建，具有页面简洁、信息加载速度快、节省流量等优势，用户可通过手机浏览器直接浏览网站，无须下载安装 App。

2. 国家兽药产业技术创新联盟网站

国家兽药产业技术创新联盟门户网站包含新闻动态、交流互动、科技热点和共享平台等多个模块，以用户需求为出发点、突出行业特色、注重交流互动，宣传兽药行业取得的新成果、新技术、新资源，实现了兽药产业技术研究的资源信息共享、科技互动和人才交流，在促进产学研合作方面发挥着巨大作用。

3.国家兽药基础信息查询系统

国家兽药基础信息查询系统汇集兽药生产企业数据、产品批准文号数据、兽用生物制品批签发数据、监督抽检结果数据、临床试验审批数据、注册数据、标签说明书数据、国家标准数据等多个数据库，具备多条件综合查询检索功能，能够满足行政执法、检验、生产、科研和公众查询的基本需求，为兽药产品追溯奠定基础。

4."国家兽药查询"手机客户端

"国家兽药查询"手机客户端（App），可通过二维码扫描识别兽药真伪、查询基本信息和追溯信息、掌握产品流通状况和信息更新状态；同时，还可以查询兽药生产企业、产品批准文号、进口生物制品批签发等多种产品基础信息；此外，为方便监管工作人员拍照留存执法信息，还专门设置了拍照取证功能。"国家兽药查询"手机客户端（App）拓展了兽药信息查询渠道，提高了兽药追溯效率[6]。

（二）兽药全过程信息化

我国兽药监管在审批、生产、经营流通、监督检验和产品追溯各环节均实现了不同程度信息化，系统间的互联互通日趋完善，为兽药产品全过程追溯奠定基础。

1.审批管理信息化

兽药审批环节主要建有"兽药行政审批系统"和"兽药产品批准文号核发系统"。兽药行政审批系统主要用于新兽药及进口兽药注册和再注册、变更注册、研制新兽药使用一类病原微生物以及新兽用生物制品临床试验、兽药（兽用生物制品）进出口和使用等的审批。系统与农业农村部行政审批综合办公系统无缝集成，实现业务受理、形式审查、行政审批、结果接收及反馈等功能网络化，方便用户查询[7]。

兽药产品批准文号是兽药基础信息的重要组成部分，是实现兽药追溯的关键。兽药产品批准文号数据管理系统完成了兽药产品批准文号申报、审查、审批和信息查询等全流程网络化，并与国家兽药基础信息查询系统、国家兽药追溯系统和农业农村部行政审批结果查询平台对接，确保了兽药产品文号数据更新的及时性，实现了兽药产品批准文号信息的互联互享[8-9]。

2.生产管理信息化

2003年3月19日，农业部发布第11号令《兽药生产质量管理规范》

（Good Manufacture Practice，简称为兽药 GMP），是兽药生产和质量管理的基本准则，适应于兽药制剂生产的全过程、原料药生产中影响成品质量的关键工序；要求生产企业在生产过程的每个环节必须严格按照 GMP 规定进行规范化和制度化管理，并保留真实、完整的详细记录。传统人工记录的工作模式，不仅导致批生产记录、批检验记录和物料仓储记录等各类型纸质文件大量累积，而且占用大量人力、物力[10]。

当前社会已经进入信息化社会，计算机的使用范围已经深入社会的各个层面，同样，如果兽药生产行业的生产及管理能够利用好计算机系统，无疑会扭转现在管理落后的局面，从根本上解决兽药 GMP 生产管理中出现的问题[11]。目前，我国尚无统一的兽药生产过程信息化监管平台，科研高校和软件开发公司纷纷以兽药 GMP 为指导，采用条形码、IC 卡等智能电子设备与计算机技术结合研发兽药 GMP 信息管理系统，如北京智普飞扬软件有限公司[12]、佛山市正典生物技术有限公司[13]等，实现了兽药生产 GMP 管理全流程文件管理信息化，为兽药质量保障提供信息技术支持。罗舜庭[14]等开发了兽药 GMP 信息管理系统，以兽药 GMP 为指导，采用条形码、IC 卡等智能电子设备与计算机网络技术结合的手段，实现对兽药生产企业 GMP 日常管理各环节的全流程控制，其中包括对 GMP 文件所要求的机构与人员、厂房与设施、设备、物料、卫生、验证、文件、生产管理、质量管理、产品销售与收回、投诉与不良反应报告和自检等 12 个方面内容全过程实现计算机信息化管理模式。谭志坚[15]等开发了"兽药 GMP 信息管理系统"，取代传统手工记录管理模式进行企业的 GMP 管理。该系统完全符合《兽药生产质量管理规范》和《中华人民共和国电子签名法》，以兽药 GMP 为指导，采用条形码、IC 卡等智能设备与计算机网络技术结合的手段，通过 Internet 或 Intranet 实现对兽药 GMP 生产企业日常管理各环节的全程控制，达到无纸化管理。

3. 流通管理信息化

2010 年 1 月 15 日，农业部 3 号令发布了《兽药经营质量管理规范》（简称兽药 GSP），自当年 3 月 1 日起实施。兽药 GSP 的实质就是：在兽药流通过程中，针对兽药采购、储存、销售等环节，制定防止质量事故发生、保障兽药符合质量标准的一整套管理标准和规程。核心是通过严格的管理制度，约束兽药经营企业的行为，对兽药经营全过程进行质量控制，防止质量事故发生，保证向用户提供合格兽药[16]。

我国兽药流通管理信息化源于国家兽药产品经营进销存系统。该系统与各省级兽医管理平台对接，采用二维码扫描的方式实现兽药经营企业药品进销存信息管理，是兽药追溯的流通信息获取的最初途径，但其只适用于传统非连锁兽药经营企业。目前逐步推广应用的基于国家兽药追溯的兽药连锁经营全程管理系统，实现了经营企业采购、库存、销售、调拨等业务环节的信息化管理，同时，系统与国家兽药追溯系统、省级监管平台和生产企业管理系统对接，为兽药从生产到经营使用的全过程追溯的实现奠定基础[17]。此外，在兽药网络销售管理方面，相关人员研究建立了兽药销售管理等系统[18]。

我国学者对于兽药流通过程中的营销及冷链物流监管模式及系统开发进行了研究。如福建省安溪县[19]提出兽药监管新模式，提出建立县级兽药连锁经营制度、创建兽药电子监管平台、推行养殖户兽药购买卡制度等。这些有针对性的举措和思路，将推动良好兽药流通与安全使用监管平台的建立和完善，为其他类似地区完善和规范兽药监管提供借鉴。孙玲玲[20]研究并设计了兽药销售管理信息系统，可对兽药基本信息、兽药生产厂商基本信息、客户基本信息以及相关资料等数据进行管理，实现兽药销售过程中复杂的组合条件综合查询、统计和分析，实现了科学办公，有效提高兽药销售过程正中的信息管理的效率和准确程度。高录军、刘玲[21]等针对目前兽用生物制品生产、存储、运输等多个环节温度控制存在的问题，以国家兽药电子追溯码为载体，通过采用温度采集终端实时获取所有兽用生物制品即时温度的方式，提出物联网在兽用生物制品领域温度控制的应用模式，以期为物联网在兽药行业应用提供参考。物联网和云计算这两种先进且日趋成熟的信息技术能够在疫苗冷链监测项目上得到融合应用，并展示出极佳的效果，同样，可将这两种技术应用在如动物疫苗等兽药冷链监测系统项目上。对兽药冷链设备（包括冷库、冰箱、冷藏车）实施"1个云平台＋N个监测端"的信息化监测模式，实现24 h自动监测环境温度。利用物联网信息采集设备，采集每个赋码产品信息以及所处环节的环境信息，上传系统，进行实时记录，从而保证兽用生物制品在流通过程中的环境条件[22]。

4.使用管理信息化

美国《联邦食品、药品和化妆品法》对兽药的使用提出了非常明确、具体的规定。要求人畜共享的药物必须按照执业兽医的处方并在其指导下使用。饲料药物添加剂的使用也必须依据执业兽医出具的加药饲料处方提出申请，并在执业兽医的指导监督下使用。执业兽医应对其出具的加药饲料处方负责。如果要将某种兽药用于饲料，必须提出申请，并在执业兽医的指导下使用。对获得专利的新兽药的使用须获得授权。如果发现与申报中不符的情况或使用中发现问题，有权要求停售或暂停使用该药物。如果违反以上规定，将视为非法使用药物。

《兽药管理条例》中规定：兽药使用单位应当遵守国务院兽医行政管理部门制定的兽药安全使用规定，并建立用药记录。禁止使用假、劣兽药以及国务院兽医行政管理部门规定禁止使用的药品和其他化合物。禁止使用的药品和其他化合物目录由国务院兽医行政管理部门制定公布。有休药期规定的兽药用于食用动物时，饲养者应当向购买者或者屠宰者提供准确、真实的用药记录。购买者或者屠宰者应当确保动物及其产品在用药期、休药期内不被用于食品消费。禁止擅自将人用药品用于动物。禁止销售含有违禁药物或者兽药残留量超过标准的食用动物产品。

5. 监督检验信息化

我国兽药监督检验信息化建设相对较完善。国家层面上，建立的兽医药检数据库和兽药检品及检验结果管理系统在全国各省级兽药监察所应用，实现了兽药检品及检验结果的信息化管理、查询浏览、统计汇总和检验报告的自动生成[23]；兽药监督抽检统计系统能够完成假兽药数据和兽药监督抽检数据的上报、查询和统计汇总，对兽药业发展起到良好的促进作用[24]。省级层面上，各省兽药监察部门针对具体工作需求研发兽药监督检验信息管理系统，如广东省开发的用于兽药与饲料实验室管理的检验管理信息系统[25]，完成了样品受理、缴费、检验、编制报告等15个环节的信息化管理，并通过量化管理组件实现对实验室检验任务和非检验任务的量化管理和动态监督，同时，系统还包含网上查询、短信通知等功能，显著提高了兽药检验的服务质量[26]。此外，张秀虹[27]等设计研发兽药饲料监督检验数据库管理系统，用以实现检测数据信息化管理，有效提高了兽药饲料监督检查的工作效率；张士霞[28]等研究建立兽药配伍检索系统，实现了兽药的配伍查询及临床处方配伍监测，对指导临床合理用药意义重大。

6. 产品追溯信息化

质量追踪就像一条纽带，把兽药生产的环节连接在一起，把所有的兽药生产、存储、销售等过程的信息，都完整地收集和保存起来，以便及时发现出现兽药质量问题是在哪一个环节[29]。2015年1月，农业部颁布公告，开始利用国家兽药产品追溯系统实施兽药产品电子追溯码（二维码）标识制度。兽药产品需要全部赋码上市，同时需要上传兽药电子追溯码（二维码）的出入库信息，在经营环节已进行全国范围的试点工作[30]。

我国兽药产品追溯以国家兽药产品追溯信息系统为中心，纵向贯通省级追溯系统，横向协同农业农村部兽药产品批准文号系统和国家兽药基础信息查询系统。

国家兽药产品追溯信息系统按照"从生产到经营、使用的全链条追溯"的思路，以"二维码"标识技术为核心，连接兽药生产、流通和监督管理等关键环节，采用分布式架构部署在云平台上，包含兽药基础信息管理、生产企业信息管理、经营企业信息管理、系统管理和App应用等多个模块。兽药生产企业通过系统申请二维标识码并印制在兽药产品包装上，应用配套终端扫描记录兽药生产出入库信息并存储到兽药生产数据库；经销商应用配套终端扫描记录兽药流通出入库信息并存储到兽药流通数据库；用户通过扫描二维标识码查询兽药产品生产和流通信息。

各省在兽药信息化管理和追溯方面发挥了巨大作用。浙江省率先搭建智慧畜牧业云平台，建立兽药经营追溯子系统，在推进经营环节追溯全覆盖的基础上，启动实施养殖环节兽药使用的追溯管理工作，逐步实现生产、经营和使用兽药信息全过程的追溯管理。黑龙江省建立兽药监管平台，通过数据交换共享，实现兽药生产、经营企业及养殖场使用兽药的名称、时间、期限等详细信息的追溯。河南省建立省级兽药追溯系统和中央数据库，为企业免费提供追溯系统、二维码生成软件和扫描软件，实现兽药产品监管信息化。云南省建立兽药经营管理系统，实现了兽药进销存、报废和综合分析等信息的智能化管理，并与国家兽药信息平台进行对接，可及时获取国家兽药信息库的有效信息[31]。山东省日照市研建真伪兽药短信查询举报系统，用户通过短信发送产品批号，即可查询兽药真伪，为传统的兽药监管工作提供了新的技术支撑和平台[32]。

熊本海[33]等提出了生猪养殖过程移动数据采集的数据规范，开发了适用于集生猪养殖档案建立及猪肉产品质量溯源的移动系统。系统运行表明：构建的移动系统可实现对猪只免疫事件、饲料及兽药使用等数据的移动采集与无线网络传输，实现了对生猪养殖过程电子档案建立及产品质量安全数据的深度查询。吉增涛[34]等设计并开发了生猪健康养殖网络信息管理系统，系统包括猪场管理、猪群管理、饲料管理、兽药疫苗管理、疾病防治、统计分析、GAP管理和系统管理等8个模块，其中兽药疫苗模块用于兽药和疫苗的出入库管理，包括兽药入库、兽药出库、疫苗入库、疫苗出库、库存统计、兽药字典和疫苗字典等功能。雷兴刚[35]等通过建立猪场溯源管理系统，实现对猪只基本信息、饲料使用信息、兽药使用信息和免疫信息的真实记录，其兽药档案管理功能主要用来管理养殖场里的兽药和免疫药品。张超峰[36]开发了一套羊场信息管理系统，主要包括如下 8 个模块：羊群管理模块、羊群繁育模块、胚胎移植模块、疾病与防疫模块、报表模块、学习与欣赏模块、羊场管理模块和系统模块，其中疾病与防疫模块包括疾病诊治、检疫免疫、羊舍消毒和兽药录入 4 个目录。

（三）兽药信息获取汇集

兽药信息的汇集主要通过各应用系统实现，兽药行政审批系统完成兽药注册、进出口审批和临床试验审批数据采集；兽药产品批准文号核发系统完成兽药产品批准文号数据采集；兽药检品及检验结果管理系统完成兽药检品及检验结果数据采集；兽药监督抽检统计系统完成假兽药数据和兽药监督抽检统计数据汇集；国家兽药产品经营进销存系统完成兽药产品进销存数据汇集；此外，国家兽药基础信息查询系统还汇集了兽药生产企业、标签说明书、菌（毒）种和国家标准等基础信息，能够满足行政执法、检验、生产的基本查询需求，为兽药全程可追溯监管实现奠定坚实基础。

三、国内外兽药监管信息化对比分析

目前，国内外在兽药审批、生产、流通、监督检验、使用和产品追溯各环节均一定程度实现了信息化（表 2-1）。美国、欧盟和加拿大等兽药信息化监管体系完备、技术水平较高。我国兽药监管各环节信息化建设日趋完善，兽药基础信息管理和兽药追溯信息化程度较高，但兽药生产过程监控和使用管理环节信息化建设仍须提高。

表 2-1　国内外兽药信息化对比

关键环节	美国、欧盟、加拿大	中国
审批	兽药注册及已注册兽药的安全性和时限等信息化监管	兽药注册、进出口审批和临床试验审批等行政审批业务，以及兽药产品批准文号申报、审查、审批、制证和结果公开、信息查询等业务的信息化
生产	原料、生产工艺和生产过程所有环节的信息化监管	兽药生产企业 GMP 日常管理各环节全流程控制文件的信息化管理
流通	兽药分销涉及的经营记录、仓储信息、运输条件信息等关键环节的信息化监管	兽药经营企业采购、库存、销售、调拨等业务环节的信息化管理

续表

关键环节	美国、欧盟、加拿大	中国
监督检验	兽药检品及检验结果的上报、查询和统计汇总等	兽药检品及检验结果管理、查询浏览和检验报告自动生成,假兽药数据和兽药监督抽检数据上报、查询和统计汇总
使用	兽药制品使用信息(兽药产品类型、剂量、屠宰休药期和有害反应详细记录)、屠宰后的畜禽产品兽药残留问题,以及由于违章操作造成的残留物案例和相关数据等信息化监管	尚需加强建设
产品追溯	兽医药剂学、药物动力学和药物理化性质等信息,兽药残留限量标准相关方法数据、分子数据、法规数据、监控计划数据和食品消费数据的信息化管理,以及实施残留监控计划后汇总的数据和按不同动物种类分类的肉类消费等信息管理,实现兽药残留追溯	汇集兽药生产企业、注册审批、监督抽检和标准等基础信息,能够满足行政执法、检验、生产的基本查询需求;连接兽药生产流通的关键环节,初步实现兽药产销过程可追溯

四、我国兽药监管信息化存在的问题

我国兽药监管信息化建设在基础信息管理、审批、生产、流通、监督抽检和追溯等关键环节不同程度上实现了信息化。系统建设经历了从单机版向网络版、移动客户端的转变,数据管理实现了从单一信息库向综合信息数据库的升级。但尚存在以下几个方面问题:

一是系统互联互通尚未完全实现。系统互联互通是实现兽药全过程追溯的基本保障,目前我国兽药信息化建设已实现部分系统对接,横向上兽药产品批准文号核发系统、国家兽药基础信息查询系统、国家兽药追溯系统和农业农村部行政审批结果查询平台对接,纵向上国家兽药产品追溯系统与省级平台的互通,然而,兽药监管各环节系统和国家级与省市级系统的完全互联互通尚未实现。

二是兽药生产实时动态信息获取手段不强。目前,我国兽药已实现基于二维码扫描快速查询生产厂、生产批次等信息,正在逐步完善流通过程追溯。然而,兽药产品质量问题往往由于兽药生产过程原料投料不准、生产过程操作未达标等原因造成,目前尚未实现兽药生产关键环节实时动态监控,兽药生产实时动态信息获取手段不强。

三是兽药使用环节监管信息获取不足。兽药不规范使用以及休药期违禁用药等是导致畜禽体内产生细菌耐药性，危害动物产品质量安全的重要因素。兽药购买和使用的详细信息获取是促进兽药安全使用的关键，然而，尚未实现兽药使用环节监管信息精准实时获取。

四是兽药监管累积数据丰富，但信息匮乏。兽药基础信息管理、审批、生产、流通、监督抽检和追溯等系统源源不断产生大量多源异构兽药监管数据，而现有数据信息存在分散、实时数据不足、应用能力较弱等问题，信息利用不够充分。

五、本章小结

兽药监管信息化是提高兽药监管效率、保障兽药产品质量的有效途径。本章以美国、加拿大和欧盟为例，重点回顾了国外兽药监管信息化主要进展。针对兽药产销全过程重要环节，归纳总结了我国兽药产销全过程的审批、生产、流通、监督检验和追溯环节的信息化建设现状，以及我国兽药网络信息共享与应用取得的最新成效。在对比分析国内外兽药产销全过程重要环节信息化建设差异的基础上，明晰了我国兽药监管信息化存在的系统互联互通尚未完全实现、生产实时动态信息获取手段不强、使用环节监管信息获取不足以及监管累积数据丰富但信息匮乏等问题，为提高我国兽药监管信息化水平、实现兽药全过程追溯提供参考。

参考文献

［1］SUNDLOF S F, CRAIGMILL A C, RIVIERE J E. Food Animal Residue Avoidance Databank (FARAD): a pharmacokinetic-based information resource.[J]. Journal of Veterinary Pharmacology & Therapeutics, 2010, 9(3):237-245.

［2］张戬慧，王洪斌.国内外兽药信息发展现状及相关信息检索系统的功能［J］.农业图书情报学刊，2010，22（5）：28-30.

［3］BAYNES R E, RIVIERE J E. Strategies for Reducing Drug and Chemical Residues in Food Animals: International Approaches to Residue Avoidance, Management, and Testing[M]// Strategies for Reducing Drug and Chemical Residues in Food Animals, 2014: 9-33.

［4］FAUBERT G, LEBEL D, BUSSIÈRES J F. A pilot study to compare natural health product-drug interactions in two databases in Canada[J]. Pharmacy World & Science: PWS, 2010, 32(2):179-186.

［5］MERTEN C, FERRARI P, BAKKER M, et al, 2010. Methodological characteristics of the national dietary surveys carried out in the European Union as included in the European Food Safety Authority (EFSA) Comprehensive European Food Consumption Database.[J]. Food Additives & Contaminants, 2011, 28 (8):975-995.

［6］郝毫刚，高录军，张积慧，等.基于兽药电子追溯的兽药大数据平台建设研究［J］.中国兽药杂志，2017, 51（3）: 4-10.

［7］王力峰.兽药监管系统的设计与实现［D］.长春：吉林大学，2012.

［8］康孟佼，秦玉明，冯克清，等.农业部兽药产品批准文号核发系统建设与展望［J］.中国兽药杂志，2016, 50（10）: 44-48.

［9］农业部兽医局.农业部兽药产品批准文号核发系统与国家兽药追溯系统实现对接［J］.湖北畜牧兽医，2016, 37（9）: 48.

［10］盛圆贤.中美兽药管理体制比较［D］.北京：中国农业大学，2004.

［11］张维.让计算机管理为兽药 GMP 生产"出力"［J］.中国畜牧兽医报，2005（14）: 1-2.

［12］农业农村部新闻办公室.国家兽药生产许可证信息管理系统上线运行［EB/OL］.（2018-06-07）. http://www.moa.gov.cn/xw/zwdt/201806/t20180607_6151370.htm.

［13］中国兽医药品监察所质量监督处."国家兽药生产许可证信息管理系统"与"农业农村部兽药产品批准文号核发系统"完成对接［EB/OL］.（2018-07-23）. http://www.ivdc.org.cn/zjs/sndt/201807/t20180723_49845.htm.

［14］罗舜庭，童伟，谭志坚，等.兽药 GMP 信息管理系统的开发与应用［J］.中国兽药杂志，2012, 46（10）: 39-41.

［15］谭志坚，何伟雄，黄玲，等.应用信息管理系统提高兽药 GMP 管理水平［A］.首届中国兽药大会动物药品学暨中国畜牧兽医学会动物药品学分会 2008 学术年会论文集［C］.中国兽医药品监察所、中国动物保健品协会：中国畜牧兽医学会，2008.

［16］单守林，王彦丽，金世清，等.兽药 GSP 的关键及实质［J］.北方牧业，2015（21）: 35-35.

[17] 张成，葛竹兴，孙玲，等 . 兽药 GMP 生产企业计算机网络管理软件系统的建设 [J] . 中国动物保健，2003（10）：3-5.

[18] 宋立荣 . 兽药企业 GMP 管理信息系统的开发 [J] . 农业网络信息，2007（9）：48-50.

[19] 张长水 . 福建省安溪县兽药监管现状与对策研究 [D] . 北京：中国农业科学院，2014.

[20] 孙玲玲 . 兽药销售管理信息平台研究与设计 [J] . 电子制作，2015（12）.

[21] 高录军，刘玲，郭辉，等 . 物联网在兽用生物制品领域温度控制的应用模式研究 [J] . 中国兽药杂志，2017，51（4）：65-69.

[22] 黄忠，王曲直，徐新红 . 物联网技术在动物疫苗冷链管理上的应用前景 [J] . 上海畜牧兽医通讯，2013（2）：62-63.

[23] 高录军，王勇宏，刘玲，等 . 基于国家兽药追溯的兽药连锁经营全程管理系统建设研究 [J] . 中国兽药杂志，2017，51（12）：68-72.

[24] 施燕，张少平 . 基于农业信息化技术的兽药销售管理系统的研发 [J] . 黑龙江畜牧兽医，2015（8）：22-24.

[25] 敬刚，刘沛玉 . 对 "兽药管理系统" 部分内容修改意见 [J] . 中国兽药杂志，1996（1）：35-37.

[26] 吴好庭，张骊，汪霞，等 . 兽药监督抽检统计系统的设计与建立 [J] . 中国兽药杂志，2012，46（7）：44-46.

[27] 广东省兽药与饲料监察总所 . 广东省兽药与饲料监察总所正式开通检验管理信息系统 [J] . 广东饲料，2010，19（3）：15.

[28] 林海丹，李小云，杨超斌，等 . 量化管理在兽药实验室信息管理系统中的应用 [J] . 中国兽药杂志，2010，44（10）：55-57.

[29] 杨辉 . 如何建立完善兽药质量追踪体系 [J] . 兽医导刊，2009（5）：24-24.

[30] 郝毫刚，刘业兵，徐肖君，等，基于物联网的国家兽药追溯系统的建设与应用 [J] . 中国兽药杂志，2015，49（8）：55-58.

[31] 张秀虹，宋一弘，刘伟东 . 基于 Delphi 的兽药饲料监督检验数据库管理系统 [J] . 黑龙江畜牧兽医，2002（5）：9.

[32] 张士霞，肖建华，汤继浪，等 . 兽药配伍检索系统的设计 [J] . 黑龙江畜牧兽医，2009（13）：86-87.

[33] 熊本海，罗清尧，杨亮，等 . 基于 3G 技术的生猪及其肉制品溯源移动

系统的开发［J］.农业工程学报，2012，28（15）：228-233.

［34］吉增涛，孙传恒，钱建平，等.基于.NET 的生猪健康养殖信息管理系统［J］.农业工程学报，2008（S2）：230-234.

［35］雷兴刚，周铝，曹志勇，等.基于有源 RFID 的猪场溯源管理系统［J］.黑龙江畜牧兽医，2011（1）：48-52.

［36］张超峰.基于 VB+SQL Server 羊场信息管理系统的开发与应用［D］.哈尔滨：东北农业大学，2007.

第三章

总体设计与架构

3

全面、系统的总体平台架构设计，是确保兽药全过程大数据智慧管理平台的成功建设与应用的前提条件和重要保障。本章从兽药的生产过程监控、流通过程监控、可追溯、大数据分析和可视化展示等方面，设计了平台架构，详细设计了系统结构和功能，细化了平台建设和网络部署方案，详细阐述了主要目标、总体思路、设计原则、平台架构、系统结构、网络部署、系统设计7个方面内容，为平台建设做好前期准备。

一、建设目标

建成以兽药全产业链为主线，涵盖兽药的生产、流通、使用、管理等环节，结合物联网技术的动态数据获取和手工填报相结合的特点，以及大数据技术与云平台技术为支撑的数据存储、处理与分析能力，构建集采集、分析、服务、监管于一体的智慧兽药信息智慧管理平台，实现兽药全产业链数据资源的整合与共享，加强兽药从生产源头到使用全过程的溯源与有效监管，提升动物用药安全和畜产品质量安全保障水平，显著提升兽药信息化水平，引领兽药产业的发展。

二、总体思路

本平台以兽药为对象，以提升兽药产业"产业安全和战略保障"管理能力为核心，开展兽药生产信息系统、兽药经营信息系统、兽药使用信息系统、兽药全过程追溯系统等四大建设任务，全面提升中国兽药行业的数据资源掌控能力、技术支撑能力、风险防控能力和宏观调控科学决策能力，推进我国兽药管理的数字化、网络化、智能化，培育发展兽药行业数字经济，增强数字技术研发应用能力，促进兽药产业振兴，加快现代畜牧业发展。

兽药全过程大数据智慧管理平台的功能定位于通用的大数据融合、管理、服务与应用平台，该平台兼容各类主流外部数据源，包括结构化和非结构化数据源，进行灵活自定义的数据采集，经过清洗和标准化之后进行数据融合与大数据管理，在此基础上提供智能搜索与数据分析挖掘工具，以及丰富的可视化展示工具，支撑各类业务系统应用，同时为平台之上的各类大数据业务应用提供应用服务。

兽药全过程大数据智慧管理平台能为兽药生产、经营、使用、追溯、大数据决策分析等业务系统提供支撑，各个环节各类大数据原始库、基础库、专题库、标准库和元数据库等，均可为平台提供数据服务，即包括对来自不同数据源的数据进行数据采集，不同数据类型、不同数据格式的原始数据进行 ETL 处理，统一标准，统一格式，形成融合数据层。数据层提供统一的数据治理服务，包括元数据管理、数据资源目录、数据质量管理、数据标准管理等；兽药全过程大数据智慧管理平台提供基于分布式架构的数据存储和计算能力，为上层业务提供大规模并行计算和数据挖掘服务；基于融合数据层之上，通过数据分析、数据清理、数据建模工具等提供一体化数据探索和多维数据建模及分析服务；通过对各种数据系统和接口的统一服务化封装，以及基于微服务架构的服务框架，对上层应用提供开放的数据服务接口，同时提供二次开发环境，为上层应用的业务逻辑和可视化开发提供支撑。

三、设计原则

（一）平台设计原则

1.整体性和开放性原则

在平台设计时充分考虑了该平台与农业农村部兽药监管平台、各地方兽药管理部门管理系统、各个兽药生产企业、各个兽药经营公司等的关系与衔接，统筹规划和统一设计系统结构，尤其是业务应用系统建设结构、数据模型结构、数据存储结构以及平台系统扩展规划等内容，从全局出发、从长远的角度考虑注重各种信息资源的有机整合；既考虑整体性，同时也考虑具有一定的开放性[1]。

2.先进性和安全性原则

采用先进成熟的软件架构、设计理念和开发手段，选用技术先进、成熟稳定的基础支撑软件，充分预见未来技术发展趋势，保证平台在不替换现有设备、不损失前期投资的情况下能方便地升级和扩容，最大可能地延长系统的整体生命周期，确保平台能在未来较长时间内充分发挥作用[2]。在平台设计时将安全性放在首位，既考虑信息资源的充分共享，也考虑了信息的保护和隔离，充分利用安全支撑平台提供的功能，保证所有软件平台在身份认证、授权和访问控制、安全审计和数据加密传输等方面有全面的、平台级的安全机制和措施。

3.实用性和稳定性原则

根据平台不同用户在常态和非常态下的业务需求，紧密结合实际情况进行设计开发，确保平台实用、高效和方便，充分利用已有资源，统筹部门等数据库建设。平台建设与产品选型严格遵循相关标准，充分考虑技术和产品的成熟性，优先使用已在实际中获得规模化运用的技术和产品；采取模块化、分布式技术构建平台，同时采用具有高可用性的软件使平台具备冗余备份和快速恢复能力，分散故障风险，降低软件平台故障概率，提高平台的总体可靠性[3, 4]在设计时采用了可靠和稳定的技术，平台各环节具备故障分析与恢复和容错能力，并在安全体系建设、复杂环节解决方案和系统切换等各方面考虑周到、切实可行，建成的平台将安全可靠、稳定性强、易维护，把各个可能存在的风险降至最低[6]。

4.可扩展性和易维护性原则

在平台设计时考虑了一定的前瞻性，充分考虑系统升级、扩展、扩容和维护的可行性；并针对平台涉及用户多、业务繁杂的特点，充分考虑如何大幅度提高业务处理的响应速度以及统计汇总的速度和精度[5]。系统平台提供了灵活的二次开发手段，在面向组建的应用框架上，能够在不影响系统情况下快速开发新业务、增加新功能，同时提供方便对业务进行修改和动态加载的支持，保障应用系统应能够方便支持集中的版本控制与升级管理。系统平台各项技术遵循了相关的国际标准、国家标准、行业标准和其他规范。系统平台能够支持硬件、系统软件、应用软件多个层面的可扩展性，能够实现快速开发/重组、业务参数配置、业务功能二次开发等多个方面，使得系统平台能支持未来不断变化的特征。

（二）数据库设计原则

1.一致性

对信息进行统一、系统地分析与设计，协调好各数据源，做到"数出一门""算法统一""度量一致"。保证系统数据的一致性和有效性。

2.完整性

数据库的完整性指数据的正确性和相容性。要防止合法用户使用数据库时向数据库加入不规范的数据。对输入数据库的数据有审核和约束机制。

3.安全性

数据库的安全性指保护数据，防止非法用户使用数据库或合法用户非法使用数据库造成数据泄露、更改或破坏。有认证或授权机制。

4.可伸缩性

数据库的设计应充分考虑发展的需要、移植的需要，具有良好的扩展性、伸缩性和适度冗余。

四、平台架构

平台建设的总体技术框架以面向服务架构为基础，采用 J2EE 开发架构，逻辑上分为展现层平台、中间应用服务平台和业务系统平台等部分，实现系统的可扩展性、灵活性、易维护性（图 3-1）。

①结合 Spark 大数据引擎技术、数据存储集群技术、并行处理技术，基于 SOA 设计思想，建立兽药大数据云存储和云处理技术架构，实现兽药大数据的快速提取与计算；

②以 ArcGIS Server 提供的地图服务、空间分析服务为基础，采用 JS API 或 Flex API 构建基于 B/S 结构的兽药流量流向信息可视化浏览、查询和空间分析服务，实现兽药大数据可视化；

③展现平台层采用 Servlet 及 JSP 技术实现，结果以页面的方式呈现给用户；

④中间应用服务平台层采用 WEB SERVER 接受客户的访问／交易请求，通过专门的 Action Servlet 调用相应 EJB 或 Javabean 访问数据库，调用相关组件处理业务，并将系统处理结果传输到用户端，实现对用户业务请求的处理，确保逻辑的完整性和一致性；

⑤业务系统平台层采用用户界面层—业务逻辑处理层—数据存储层三层结构设计，实现业务处理封装化。系统同时提供标准的接口程序和预留技术接口标准，便于扩展应用系统功能和与其他应用系统的互联、互访。

⑥兽药全过程大数据智慧管理平台可提供对结构化和非结构化数据的深度挖掘功能，构建通用模型算法，涵盖分类、回归、聚类、关联降维、时间序列、识别、预测、优化等类型，提供从传统的统计分析、计量分析到预测分析、机器学习的模型算法支持。

⑦兽药大数据分析模块用于处理海量、多维、异构数据，结合传统的 ETL（抽取 extract、转换 transform、加载 load）工具，建立大规模并行处理中间件，满足海量数据实时性、伸缩性、健壮性、计算性等要求，并可兼容多种计算机语言或分析软件如 Matlab、C++、Java、Gams、JMP（SAS）、Stata 等，并按照兽药全产业链数据文件标准格式进行转换、计算与存储。

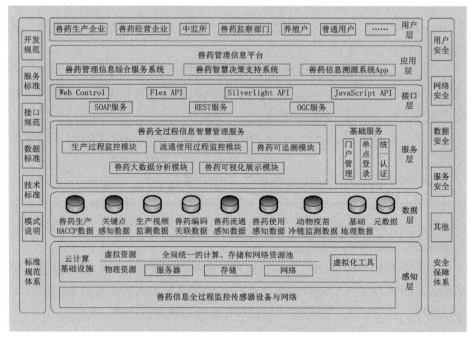

图 3-1 兽药全过程大数据智慧管理平台架构

五、系统结构

兽药全过程大数据智慧管理平台包含生产过程监控模块、流通过程监控模块、兽药可追溯模块、兽药大数据分析模块和兽药可视化展示模块 5 个模块（图 3-2）。其中，生产过程监控模块主要包括兽药生产企业信息管理、兽药生产环境监测信息管理、兽药生产操作关键点监测、兽药仓储环境监控信息管理和兽药流量流向信息管理 5 个部分。流通过程监控模块包括兽药经营企业基础信息管理、兽药运输信息管理和兽药使用信息管理 3 个部分。兽药可追溯模块包括兽药产品二维码追溯查询、兽药产品流向追溯查询和兽药基础信息查询 3 个部分。兽药大数据分析模块包括基础信息查询、兽药全过程信息统计分析、兽药全过程对比分析、动物疫病暴发情况信息查询、动物疫病实时发展动态追踪和动物疫病预警 6 个部分。兽药可视化展示模块包括兽药生产企业信息、兽药经销商信息、大型养殖户信息和兽药流量流向查询 4 个部分。

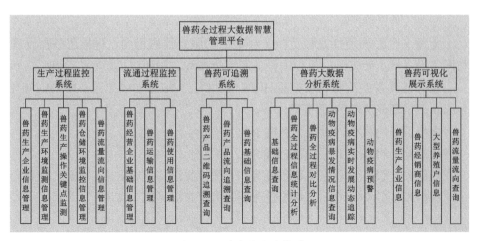

图 3-2　总体系统结构图

六、网络部署

兽药全过程大数据智慧管理平台网络部署的服务器硬件包括：综合应用服务器、数据库服务器、GIS 服务器、网络交换机、负载均衡设备、防火墙、入侵检测设备、WAF 防火墙等设备。

（一）网络拓扑图（图 3-3）

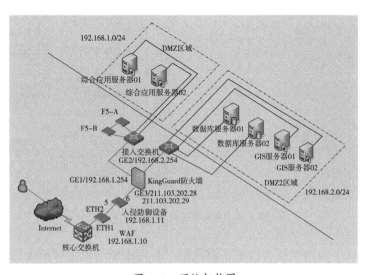

图 3-3　网络拓扑图

（二）设备安装

支撑平台系统硬件安装是在 1 台 42U 的服务器机柜内，包括服务器设备与网络设备的上架安装、机柜内设备间综合布线、机柜与机柜间综合布线。

服务器设备涉及利旧服务器 HPDL585 1 台、HPDL580 1 台、HPDL380 1台以及新采曙光 A620R 服务器 3 台。

网络设备为机柜内接入交换机 1 台。

负载均衡设备为 F5 负载均衡设备，共 2 台。

网络安全设备为联想网域防火墙、入侵检测设备、WAF 防火墙各 1 台。

根据现场的实际情况，系统硬件设备机柜布局见图 3-4。

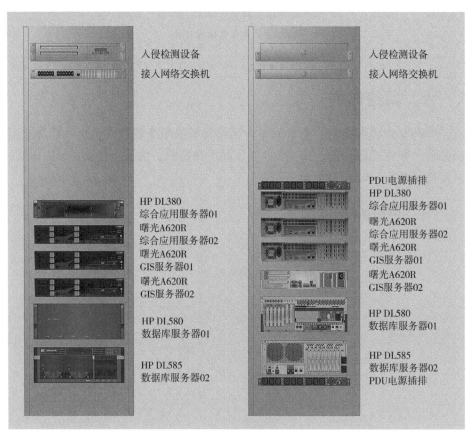

图 3-4　系统硬件设备机柜布局图

图 3-4 中左边机柜为机柜正面视图，右边机柜为机柜背面视图。系统支撑平台机柜服务器设备布局如表 3-1 所示。

表 3-1　系统支撑平台机柜服务器设备布局

序号	设备型号	应用方向	备注
1-1	HP DL 585	数据库服务器 02 机	利旧
1-2	HP DL 580	数据库服务器 01 机	利旧
1-3	曙光 A620R	GIS 服务器 02 机	新采
1-4	曙光 A620R	GIS 服务器 01 机	新采
1-5	曙光 A620R	综合应用服务器 02 机	新采
1-6	HP DL380	综合应用服务器 01 机	利旧

机柜内设备间综合布线涉及设备的电源线缆与网络连接跳线。

机柜与机柜间综合布线涉及网络光纤跳线、SAN 存储跳线、KVM 连接线缆的连接。

（三）网络配置

➤ KingGuard8000 防火墙采用 NAT 模式进行部署，采用"一进两出"的方式分别连接 DMZ1/DMZ2 区和公网。

➤ F5 负载均衡采用旁接，虚拟 IP 管理两台综合管理服务器、两台 GIS 软件服务器。

➤ WAF、入侵防御设备放置在外网与防火墙之前，防御过滤威胁。

（四）支撑环境配置

支撑平台环境配置分为网络环境配置与软件环境配置。

➤ 网络环境配置涉及用户原有的网络 IP 地址分配、防火墙、核心交换机、负载均衡设备、入侵检测设备的配置调整、存储区域的分配。

➤ 软件环境配置涉及服务器安装操作系统、建立集群环境。

（五）网络环境配置

1. 网络 IP 地址分配

需求：

1）DMZ 区域内，分配 3 个 IP 地址，满足综合应用服务器集群需要。

2）VL500 区域内，至少分配 10 个 IP 地址，满足 SQL Server 2012 集群与 GIS 集群需要。

2.防火墙配置

需求：

1）对 DMZ 区的综合应用服务器开放 1433 数据库访问端口。

2）对公网访问机器开放 GIS 服务器 8399 端口。

3.核心交换机配置

需求：

1）Vlan 区域划分，划分 VL500 区域，设置网关，子网掩码。

2）端口配置，核心交换机与网络接入交换机端口设置 trunk。

4.负载均衡设备配置

需求：

配置基于 WebLogic 的负载均衡策略。

5.入侵检测设备配置

需求：

配置入侵检测策略。

6.存储区域配置

需求：

1）SAN 交换机端口划 ZONE。

2）共享存储中建立集群组，添加数据库服务器主机与光纤卡地址。

3）划分 3 个磁盘，分别是仲裁盘 5G、MSDTC 资源盘 10G、数据盘 85G。

4）映射磁盘，将 3 个磁盘映射给 2 台数据库服务器。

（六）软件环境配置

1.安装操作系统前规划

支撑平台服务器操作系统部署内容：Windows 操作系统（Microsoft Windows Server 2012 R2 企业版）

1）磁盘阵列规划

服务器的磁盘系统将采用 RAID10 技术来构建，以下是支撑平台服务器磁盘阵列配置表如表 3-2 所示。

表 3-2　支撑平台服务器磁盘阵列配置

序号	服务名称	单磁盘容量	数量	阵列配置	磁盘总容量
1	数据库服务器 02 机	278G	4	RAID 10	556G
2	数据库服务器 01 机	278G	4	RAID 10	556G

续表

序号	服务名称	单磁盘容量	数量	阵列配置	磁盘总容量
3	GIS 服务器 02 机	278G	4	RAID 10	556G
4	GIS 服务器 01 机	278G	4	RAID 10	556G
5	综合应用服务器 02 机	278G	4	RAID 10	556G
6	综合应用服务器 01 机	278G	4	RAID 10	556G

2）分区要求及磁盘容量配置（表 3–3）

表 3–3 磁盘分区及容量

序号	分区名称	卷名	文件类型	容量
1	系统区	C:	ntfs	80G
2	主目录区	D:	ntfs	50G
3	数据区	E:	ntfs	300G
4	备份区	F:	ntfs	126G

2. 安装操作系统

Windows Server 2012 提供了 3 种安装方法：

1）用安装光盘引导启动安装；

2）从现有操作系统上全新安装；

3）从现有操作系统上升级安装。

系统采用"安装光盘引导启动安装"的方式，具体步骤略。

3. 配置集群

Windows Server 支持 3 种类型的群集，分别是 NLB、CLB 和 MSCS。NLB 与 MSCS 内置于 Windows Server 中，CLB 需要购买 Application Center。

1）NLB：提供以 TCP/IP 为基础的服务与应用程序的网络流量负载均衡，用于提升系统的可用性和可扩展性。常见的应用有 Terminal Service、Web、VPN 与 FTP 等。

2）CLB：提供使用 COM+ 组件的中介层应用程序的动态负载均衡，用于提升系统的可用性和延展性。CLB 会依据目前的工作负载来决定由谁来处理服务请求。

3）MSCS：提供后端服务与应用程序的容错移转（failover），主要是提升系统的可用性。常见的应用有 SQL Server 与 Exchange Server 等。MSCS 是由 client 来决定由谁来处理服务请求，所有服务器共享一个 share storage 来储存 session 状态。当主动服务器挂了，则继续由被动服务器接手。被动服务器会从 share storage 取出 session 状态，继续未完成的工作，以达到容错移转的目的。

综合应用服务器采用 WebLogic 集群，对于 GIS 服务器使用 Windows Server 2008 NLB 负载均衡集群，数据库服务器采用 Windows Server 2008 MSCS 故障转移集群。

七、系统设计

（一）生产过程监控系统

1. 模块功能

该模块实现兽药生产企业基础信息管理、兽药生产环境监测、兽药生产操作关键点监测、兽药仓储环境监控和兽药流量流向管理功能，并提供监测信息异常时的提示和报警功能。

2. 模块结构（图 3-5）

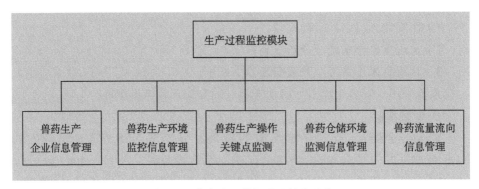

图 3-5　生产过程监控系统模块结构

3. 模块内容

1）兽药生产企业信息管理

①兽药生产企业管理

➢ 兽药生产企业添加；

➢ 兽药生产企业信息修改；

➢ 兽药生产企业删除；

➢ 兽药生产企业统计查询：按企业名称查询、企业所在行政区域查询及自定义查询；

②兽药生产企业的基本信息管理：包括兽药生产企业的名称、药品生产许可证编号、法定代表人、企业负责人、生产范围、分类码、发证日期、有效截止日期、企业注册地址、生产地址、企业组织结构等信息的综合管理；

➢ 兽药生产企业的基本信息添加；

➢ 兽药生产企业的基本信息修改；

➢ 兽药生产企业的基本信息删除；

➢ 兽药生产企业的基本信息统计查询：单一条件或组合条件的兽药生产企业的基本信息的查询，指定区域的兽药生产企业的基本信息的查询（行政区域、自定义区域）；

③兽药生产企业的兽药生产信息管理：包括兽药生产种类、批次、产量、流量和流向等信息管理；

➢ 兽药生产企业的兽药生产信息添加；

➢ 兽药生产企业的兽药生产信息修改；

➢ 兽药生产企业的兽药生产信息删除；

➢ 兽药生产企业的兽药生产信息统计查询：单一条件或组合条件的兽药生产企业的兽药生产信息的查询，指定区域的兽药生产企业的兽药生产信息的查询（行政区域、自定义区域）；

2）兽药生产环境监测信息管理

①兽药生产环境监测信息管理：兽药生产车间的温湿度、大气压、粉尘颗粒等的监测信息管理；

➢ 兽药生产车间的温湿度、大气压、粉尘颗粒等的监测信息实时记录；

➢ 兽药生产车间的温湿度、大气压、粉尘颗粒等的监测信息与兽药最小销售单元编码结合，实现指定条件或综合条件的信息统计查询；

②兽药生产设备环境监测：兽药生产内部微环境流量、含水率的实时动态监测，以及兽药生产液罐的温度、湿度、气压等的实时监测信息的管理；

➢ 兽药生产内部微环境流量、含水率的实时动态监测信息实时记录；

➢ 兽药生产内部微环境流量、含水率的实时动态监测信息与兽药最小销售单元编码结合，实现指定条件或综合条件的信息统计查询；

➢ 兽药生产液罐的温湿度、气压等实时监测信息实时记录；

➢ 兽药生产液罐的温湿度、气压等实时监测信息与兽药最小销售单元编码结合，实现指定条件或综合条件的信息统计查询；

3）兽药生产操作关键点监测

①设备运转情况监测

➢ 设备运转情况监测信息实时记录；

➢ 设备运转情况监测信息统计查询；

②物品存放位置监测

➢ 设备运转情况监测信息实时记录；

➢ 设备运转情况监测信息统计查询；

③岗位操作记录

➢ 通过建立的操作行为特征的提取方法和规范操作行为的智能识别算法，基于兽药生产关键点视频监控数据，自动生成岗位操作记录；

➢ 岗位操作记录条件统计查询；

④兽药生产操作不规范预警

结合兽药生产关键点动态实时感知平台的监测数据，智能诊断工作人员的生产操作是否与监测数据相吻合并及时预警；

4）兽药仓储环境监控信息管理

仓储环境的传感器监控和视频监控信息管理；

➢ 兽药仓储环境的传感器监控和视频监控信息实时记录；

➢ 兽药仓储环境的传感器监控和视频监控信息与兽药最小销售单元编码结合，实现指定条件或综合条件的信息统计查询；

5）兽药流量流向信息管理

兽药生产企业的特定种类、特定批次的兽药的产量、流量和流向等信息管理；

➢ 兽药生产企业的特定种类、特定批次的兽药的产量、流量和流向等信息添加；

➢ 兽药生产企业的特定种类、特定批次的兽药的产量、流量和流向等信息修改；

➢ 兽药生产企业的特定种类、特定批次的兽药的产量、流量和流向等信息删除；

➢ 兽药生产企业的指定条件的兽药流量、流向信息统计查询：单一条件或组合条件的兽药生产企业的特定种类、特定批次的兽药的产量、流量和流向等信息的查询，指定区域的兽药生产企业的特定种类、特定批次的兽药的产量、流量和流向等信息的查询（行政区域、自定义区域）。

（二）流通过程监控系统

1.模块功能

模块实现兽药经营企业的基础信息管理，兽药运输信息、仓储信息和使用信息的实时监控和管理，为兽药的全程溯源提供保障。

2.模块结构（图3-6）

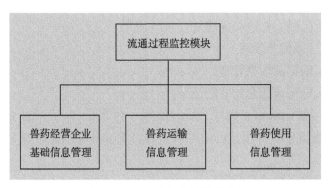

图 3-6 流通过程监控模块结构

3.模块内容

1）兽药经营企业基础信息管理

①兽药经营企业管理

➢ 兽药经营企业添加；

➢ 兽药经营企业修改；

➢ 兽药经营企业删除；

➢ 兽药经营企业统计查询：按企业名称查询、企业所在行政区域查询及自定义查询；

②兽药经营企业的基本信息管理：包括兽药经营企业的名称、药品经营许可证编号、法定代表人、企业负责人、经营范围、企业地址等信息的综合管理；

➢ 兽药经营企业的基本信息添加；

➢ 兽药经营企业的基本信息修改；

➢ 兽药经营企业的基本信息删除；

➢ 兽药经营企业的基本信息统计查询：单一条件或组合条件的兽药经营企业的基本信息查询，指定区域的兽药经营企业基本信息的查询（行政区域、自定义区域）；

③兽药经营企业的兽药经营信息管理：包括兽药经营种类、批次、流量

和流向等信息管理；

➤ 兽药经营企业的兽药经营信息添加；

➤ 兽药经营企业的兽药经营信息修改；

➤ 兽药经营企业的兽药经营信息删除；

➤ 兽药经营企业的兽药经营信息的统计查询：单一条件或组合条件的兽药经营企业的兽药经营信息查询，指定区域的兽药经营企业的兽药经营信息的查询（行政区域、自定义区域）；

2）兽药运输信息管理

①兽药运输记录信息管理

➤ 兽药运输记录信息的实时记录；

➤ 兽药运输记录信息的综合统计查询：指定条件（种类、批次、编码）的兽药的运输信息的管理，包括运输工具、运输环境信息、指定时间的空间分布情况等；

②兽药运输环境信息管理

兽药在运输过程的环境信息（温度、湿度、光照、气压等）的监控和管理，以及兽药在运输车体内不同时间和空间的环境分布信息的监控和管理，实现兽药运输轨迹与环境信息的追踪；

➤ 兽药运输环境实时监控信息记录；

➤ 兽药运输环境实时监控信息统计查询：结合兽药编码，进行兽药运输环境信息的单一条件或组合条件的综合查询；

3）兽药使用信息管理

通过使用兽药的畜禽与兽药标识的"一对一"管理匹配，实现大牲畜、小型畜禽栋舍接受兽药的时间、地点、名称等信息的记录和管理，并采用兽药使用视频监测网络，对休药期与禁药期牲畜进行全方位视频监控信息的记录和管理；

➤ 畜禽与使用的兽药的使用信息记录；

➤ 畜禽与使用的兽药的使用信息统计查询：通过单一条件或组合条件实现指定的畜禽的兽药使用记录信息查询，以及指定兽药查询使用的畜禽及使用的时间等相关信息；

➤ 兽药使用实时监控信息记录；

➤ 兽药使用实时监控信息统计查询：指定畜禽的兽药使用实时监控信息查询、指定兽药的使用实时监控信息查询，以及指定时间段的兽药使用实时监控信息查询。

（三）兽药可追溯系统

1.模块功能

实现兽药产品相关基础信息查询及兽药生产流通信息全程可追溯，能够进行兽药产品的双向追溯，既能根据一瓶药查询到它的源头和中间流通环节，也能查到某批次药品的最终流向。

2.模块结构（图3-7）

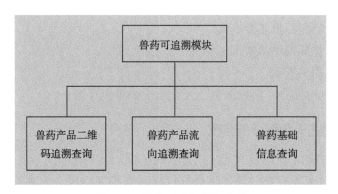

图3-7　兽药可追溯模块结构

3.模块内容

➢ 兽药产品二维码追溯查询

通过扫描产品二维码，可实时查询兽药产品的全过程，包括生产、物流、仓储、销售等任意环节信息。

• 生产环节

静态追溯信息：生产公司、产品描述、兽药工艺、兽药原料；

动态追溯信息：兽药生产环境、兽药生产批次、兽药生产操作视频、兽药检测、兽药入库、仓储环境、最小单元标识编码；

• 经营环节

兽药出库、物流车辆、经营销售、车辆轨迹、车辆环境、仓储环境、流通时间、流通载体、流向地等信息；

• 使用环节

养殖场、畜牧个体标识编码、兽药使用时间、兽药使用视频；

➢ 兽药产品流向追溯查询

通过指定的查询条件输入，提供特定条件的兽药产品的流量流向及使用情况信息查询服务。

➢ 兽药基础信息查询

根据查询条件，提供指定查询条件的兽药基础信息，包括兽药生产企业、兽药产品批准文号、兽药注册数据、兽用生物制品批签发、兽药监督抽检结果和兽药说明书的查询服务。

- 兽药生产企业查询
- 兽药产品批准文号查询
- 兽药注册数据查询
- 兽用生物制品批签发查询
- 兽药监督抽检结果查询
- 兽药说明书查询

➢ 关于软件简介、版权单位、开发及维护单位介绍。

（四）兽药大数据分析系统

1. 模块功能

模块为兽药监管部门提供统计分析和数据挖掘结果，为决策制定提供支撑。具体功能包括：（1）兽药全过程数据及兽药生产企业、销售企业、大型养殖户的基本信息的综合查询；（2）兽药全过程信息统计分析；（3）兽药全过程数据在多时间段、多区域的详细情况的对比分析；（4）动物疫病暴发情况信息查询；（5）动物疫病实时发展动态追踪；（6）动物疫病预警：集成构建的基于兽药数据挖掘的动物疫病预测分析模型，可实现疫病暴发源头和疫病警情的早期预警。

2. 模块结构（图3-8）

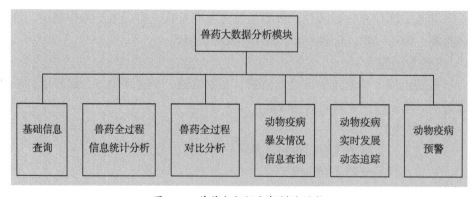

图 3-8 兽药大数据分析模块结构

3. 模块内容

1）基础信息查询

①生产企业信息

➤ 按企业名称查询；

➤ 按行政区域查询：某一区域有兽药生产企业的数量（分布）；

➤ 按兽药生产信息查询：某一企业生产兽药的品种、数量；该企业生产某一品种的兽药的批次、产量；

②销售商信息

➤ 按销售商名称查询；

➤ 按行政区域查询：某一区域有销售商的数量（分布）；

➤ 按兽药销售信息查询：某一销售商销售兽药的品种、数量；

③大型养殖户信息：按企业名称查询、按行政区域查询；

➤ 按大型养殖户信息查询；

➤ 按行政区域查询：某一区域有大型养殖户的数量（分布）；

➤ 按兽药使用信息查询：某一养殖户使用兽药的品种、时间；

④兽药全过程信息查询

➤ 兽药生产情况：按生产药品名称或种类查询，生产某一药品的企业的数量和分布情况；

➤ 兽药销售情况：按销售药品名称或种类查询，销售某一药品的经销商的数量和分布情况；

➤ 兽药使用情况：按使用药品名称或种类查询，使用某一药品的大型养殖户的数量和分布情况；

2）兽药全过程信息统计分析

➤ 兽药生产情况：（全区、分区、某一时间段）药品生产情况分类统计（生药、化药、药品名称）（批准文号、企业数量）；

➤ 兽药销售情况：（全区、分区、某一时间段）兽药的销售情况（生药、化药、药品名称）；

➤ 兽药的使用情况：（全区、分区、某一时间段）兽药的使用情况（生药、化药、药品名称、使用数量）；

3）兽药全过程对比分析

➤ 同一区域多时间段特定名称兽药特定过程数据对比分析；

➤ 同一时间段多区域特定名称兽药特定过程数据对比分析；

4）动物疫病暴发情况信息查询

➤ 根据动物疫病名称查询动物疫病发生区域；

➤（全区、分区、某一时间段）动物疫病发生情况查询；

5）动物疫病实时发展动态追踪

➤ 根据动物疫病名称实现动物疫病实时发展动态追踪；

➤（全区、分区、某一时间段）动物疫病发展动态信息查询；

6）动物疫病预警

某一动物疫病暴发预警。

（五）兽药可视化展示系统

1. 模块功能

应用建立的基于 GIS 的兽药流量流向信息可视化模型，提供不同时空尺度上的兽药全产业链信息动态流动过程的可视化展示服务，揭示兽药全过程时空变化规律。

2. 模块结构（图 3-9）

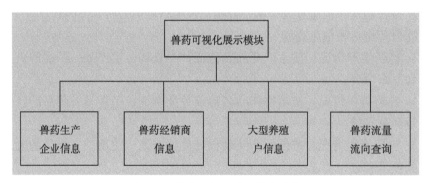

图 3-9　兽药可视化展示模块结构

3. 模块内容

1）兽药生产企业信息

①生产企业基本信息查询

➤ 按企业名称查询；

➤ 按行政区域查询（特定行政区划范围、自定义区域）：某一区域有兽药生产企业的数量（分布）；

➤ 按兽药生产信息查询：某一企业生产兽药的品种、数量；该企业生产某一品种的兽药的批次、产量；

②该企业某一品种兽药产量、流量、流向（全时间段、指定时间）；

③该企业生产过的兽药品种，产量、流量、流向（全时间段、指定时间段）；

2）兽药经销商信息

①兽药经销商基本信息

➤ 按销售商名称查询；

➤ 按行政区域查询（特定行政区划范围、自定义区域）：某一区域有销售商的数量（分布）；

➤ 按兽药销售信息查询：某一销售商销售兽药的品种、数量；

②兽药经销商销售的某一品种兽药的量、流量、流向（全时间段、指定时间段）；

③兽药经销商销售过的兽药品种，总量、流量、流向（全时间段、指定时间段）；

3）大型养殖户信息

①大型养殖户基本信息

➤ 按大型养殖户信息查询；

➤ 按行政区域查询（特定行政区划范围、自定义区域）：某一区域有大型养殖户的数量（分布）；

➤ 按兽药使用信息查询：某一养殖户使用兽药的品种、时间；

②大型养殖户使用过的某一品种兽药的情况（品种、数量、时间、一一对应情况）（指定药品名称、指定时间段）；

4）兽药流量流向查询

①最小销售单元兽药流向查询；

②兽药生产信息查询（特定行政区划范围、自定义区域）

➤ 某一品种兽药生产情况（各生产企业对某一种兽药的生产情况）：哪些生产企业生产过该种兽药，产量、流量、流向可视化展示；

➤ 限定时间段兽药生产情况（品种、产量、由哪些企业生产、流量流向）；

③兽药销售信息查询（全时间段、限定时间段）

➤ 某一品种兽药的销售情况：哪些销售商销售过、流量流向；

➤ 限定时间段兽药销售情况：品种、产量、生产企业名称、流量流向；

④兽药使用信息查询

➤ 某一品种兽药的使用情况：用户、具体使用情况，回溯兽药生产企业、经销企业；

> 限定时间段兽药使用情况：品种、产量、生产企业名称、流量流向。

八、本章小结

本章首先明确了平台建设的目标，梳理了建设总体思路，形成了平台设计原则和数据库设计原则，设计了平台架构和系统结构功能，细化了平台建设和网络部署方案，分别从兽药的生产过程监控、流通过程监控、可追溯、大数据分析和可视化展示等方面，详细设计了系统的模块功能、模块结构和模块内容，为后续的平台建设与开发做好了前期铺垫。

参考文献

[1] 刘雪梅，章海亮，刘燕德.农产品质量安全可追溯系统建设探析 [J].湖北农业科学（8）：219–221.

[2] 徐文艳.基于GIS农产品质量安全溯源系统的设计与实现 [D].南昌：江西农业大学，2016.

[3] 王娟，朱隗明，张原生.浅谈肉牛全程质量安全追溯平台建设的标准化研究与实践 [J].内蒙古科技与经济，2014（4）：44–46.

[4] 张俊，徐杰，王秀徽，等.基于国产基础软件的农产品质量安全溯源管理系统的设计与实现 [J].中国农学通报，2012，28（9）：297–301.

[5] 邹萍.农产品质量安全溯源系统设计与实现 [D].泰安：山东农业大学，2014.

[6] 胡云锋，董昱，孙九林.基于网格化管理的农产品质量安全追溯系统的设计与实现 [J].中国工程科学，2018，20（2）：63–71.

第四章

4

兽药生产环境远程控制技术及装备设计

兽药生产行业的生产及管理计算机信息化普及还未被广泛应用，大多数兽药生产行业生产车间的环境控制为人为控制，既费人工又不利于节约能源，对于超过阈值的情况往往不能做到及时报警，影响兽药生产的质量。兽药生产环境远程控制系统及方法，通过主控计算机和与主控计算机通过无线方式连接的监测控制装置，监测兽药生产环境的各种实时生产环境参数，并将实时生产环境参数与预设生产环境参数的阈值进行比较，若实时生产环境参数超出预设生产环境参数的阈值范围，则利用控制装置调整实时生产环境参数，使实时生产环境参数处于预设生产环境参数的阈值范围内。实现了兽药生产环境控制的智能化和自动化，解决了兽药生产环境参数超阈值及时预警问题[1, 2]。

一、兽药生产环境远程控制系统设计

兽药生产环境远程控制系统，包括主控计算机和与主控计算机通过无线方式连接的监测控制装置，以及与监测控制装置的壳体连接的红外摄像机和高清摄像机，红外摄像机和高清摄像机安装于兽药生产车间的顶部，用于查看和摄制生产车间实时生产情况（图 4-1）。

监测控制装置包括监测装置、控制装置和电子电路板，电子电路板上固设有 ARM 单片机和 STC 单片机，ARM 单片机和 STC 单片机连接（图 4-2）。此外，监测控制装置还包括无线通信模块，通过无线通信模块与主控计算机连接。同时，监测控制装置的壳体表面固设有触摸屏，通过触摸屏显示监测装置采集的实时生产环境参数。

监测装置包括与监测控制装置的壳体连接的温度传感器、湿度传感器、大气压传感器、光照强度传感器、风速传感器、菌落计数监测器和颗粒数监测器。温度传感器、湿度传感器、大气压传感器、光照强度传感器和风速传感器分别通过 485 数据线与监测控制装置的壳体连接，且设置于兽药生产车间的进风口和出风口之间，菌落计数监测器和颗粒数监测器通过 RS 数据线与所述监测控制装置的壳体连接。控制装置包括分别与监测控制装置的壳体连接的空气调节器、空气净化器、增温器、降温器、增湿器、降湿器和警报器。

菌落计数监控器为多空吸入采样器，其材质采用阳极氧化铝材质，采样流量为 0～100L/min，采样总体积为 50～3000L，培养皿规格为 $\Phi 90mm \pm 5mm$；颗粒数监测器内设置有多个用于监测不同直径大小空气颗粒的传感器，PM0.5，PM1.0，PM2.5，PM5.0，PM10.0 传感器，可同时检测 $0.50\mu m$、$1.0\mu m$、$2.5\mu m$、$5.0\mu m$、$10.0\mu m$ 的 5 个直径大小的空气颗粒数浓度，并通过运算实时统计空气的颗粒数，获得空气实时颗粒数浓度信息。

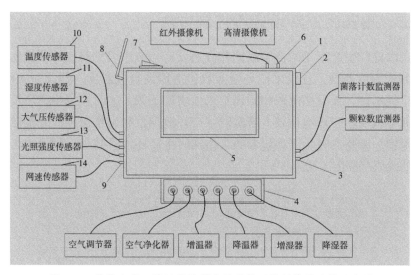

图 4-1 兽药生产环境远程控制系统的监测控制装置连接示意图

1：壳体；2：电源接口；3：RS 数据线端口；4：继电器；5：触摸屏；
6：视频接入端口；7：开关按钮；8：天线；9：485 数据线端口；10：温度传感器；
11：湿度传感器；12：大气压传感器；13：光照强度传感器；14：风速传感器

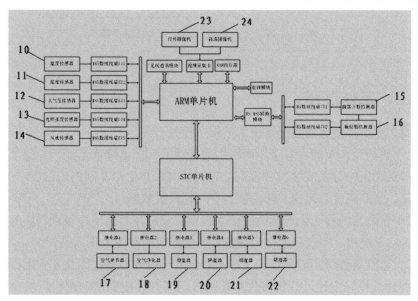

图 4-2 兽药生产环境远程控制系统的监测控制装置结构示意图

10：温度传感器；11：湿度传感器；12：大气压传感器；13：光照强度传感器；
14：风速传感器；15：菌落计数监测器；16：颗粒数监测器；17：空气调节
器；18：空气净化器；19：增温器；20：降温器；21：增湿器；22：降湿器；
23：红外摄像机；24：高清摄像机

二、兽药生产环境远程控制方法

获取兽药生产车间的洁净级别并分别设定与洁净级别对应的预设生产环境参数的阈值范围，预设生产环境参数包括预设空气温度、预设空气湿度、预设空气压差、预设菌落数和预设空气尘埃粒子数，实时监测生产环境参数并将其与预设生产环境比较，若实时生产环境参数超出预设生产环境参数的阈值范围，调整实时生产环境参数，使实时生产环境参数处于预设生产环境参数的阈值范围内（图4-3）。

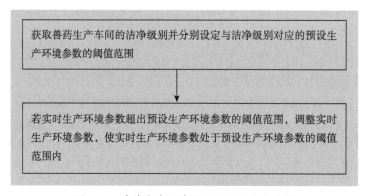

图4-3　兽药生产环境远程控制方法流程图

三、工作过程

兽药生产环境远程控制系统的工作过程如下：

1）兽药生产车间由多个不同级别的洁净区和非洁净区组成，在每个洁净区或非洁净区中分别安装监测控制装置，实时采集生产车间内的温度、湿度、大气压、光照强度、风速、菌落数和空气颗粒数数据；

2）获取当前兽药生产车间的洁净级别，设定与当前洁净级别对应的空气温度、空气湿度、空气压差以及菌落数和尘埃粒子数的上下阈值；

3）监测装置将实时采集的生产车间内的环境数据通过无线方式远程传输至主控计算机，主控计算机将生产车间内的实时环境参数与预设环境参数的阈值范围进行比较[3, 4]；

4）当生产车间内的实时生产环境参数超过预设生产环境参数的阈值范围达到一定时间，主控计算机发出控制指令并传输至控制装置的空气调节器、空气净化器、增温器、降温器、增湿器、降湿器，调节生产车间内的实时生产环境参数，使得实时生产环境参数处于预设生产环境参数的阈值范围内[5-7]；

> 判断实时空气温度是否处于设定的空气温度上下阈值区间，如果在上下阈值区间，增温装置和降温装置减小输出功率，如果实时空气温度小于设定的空气温度下阈值，则加大增温装置输出功率，如果实时空气温度大于设定的空气温度上阈值，则加大降温装置输出功率；

> 判断实时空气湿度是否处于设定的空气湿度上下阈值区间，如果在上下阈值区间，增湿装置和降湿装置减小输出功率，如果实时空气湿度小于设定的空气温度下阈值，则加大增湿装置输出功率，如果实时空气湿度大于设定的空气湿度上阈值，则加大降湿装置输出功率；

> 判断实时空气压差是否处于设定的空气压差上下阈值区间，如果在阈值区间，则减小空气调节系统进风和排风输出功率；如果实时空气压差小于设定的空气压差下阈值，则判断实时空气压差是正压差还是负压差，如果是正压差，则加大空气调节系统的排风输出功率，如果是负压差，则加大空气调节系统的进风输出功率；如果实时空气压差大于设定的空气压差上阈值，则判断实时空气压差是正压差还是负压差，如果是正压差，则加大空气调节系统的进风输出功率，如果是负压差，则加大空气调节系统的排风输出功率；

> 判断实时尘埃粒子数是否大于设定的尘埃粒子数上阈值，如果实时尘埃粒子数大于设定的尘埃粒子数上阈值，则加大空气净化装置输出功率；如果实时尘埃粒子数小于设定的尘埃粒子数上阈值，则减小空气净化装置输出功率；

> 判断实时菌落数是否大于设定的菌落数上阈值，如果实时菌落数大于设定的菌落数上阈值，则加大空气净化装置输出功率；如果实时菌落数小于设定的菌落数上阈值，则减小空气净化装置输出功率；

5）预设时间后再次重复上述步骤，并判断空气调节系统、空气净化装置、增温装置、降温装置、增湿装置、降湿装置的输出功率是否处于最大功率，如果处于最大功率，即生产环境参数无法调节至正常范围，主控计算机控制警报器发出警报，提醒生产车间内的工作人员紧急离开，以保障工作人员的人身安全[8]。

四、本章小结

本章设计了兽药生产环境远程控制技术及装备，提出了兽药生产环境远程控制方法，详述了兽药生产环境远程控制设备的工作过程，为兽药生产环境参数超阈值及时预警问题的有效解决提供技术支撑。

参考文献

[1] 霍春光，刘影，代巍.基于 LoRa 的智能大棚控制系统设计［J］.物联网技术，2021，11（4）：84–88.

[2] 徐爽，易东.基于 GSM 环境监测系统的设计与实现［J］.电子制作，2020（23）：3–5，60.

[3] 傅建行.基于物联网的番茄温室环境智能调控系统设计与实现［D］.泰安：山东农业大学，2020.

[4] 赵同奎，付俊辉.基于蔬菜环境因子的远程控制系统设计［J］.信息与电脑（理论版），2018（23）：107–109.

[5] 金松，王姣，罗坚强，等.种鸡场远程网络环境智能控制系统的设计应用［J］.中国畜牧兽医文摘，2018，34（1）：97–98.

[6] 冯永祥，邢水红，李雷孝，等.基于模糊控制的农业大棚环境温度远程监控系统的研究［J］.内蒙古工业大学学报（自然科学版），2017，36（3）：198–207.

[7] 刘智杰.远程控制系统在环境空气自动监测系统中的应用［J］.科技经济导刊，2017（11）：30–31.

[8] 赵伟.基于远程通信技术的温室环境控制系统研究与实现［D］.北京：中国农业科学院，2010.

第五章

兽药生产信息监管系统

5

兽药生产信息监管系统主要包括兽药生产环境远程控制技术和装备以及3个信息管理子系统，分别是：兽药 GMP 生产企业组织机构及人员信息管理子系统，兽药生产仪器设备协同管理信息子系统，智慧兽药生产全过程信息监管子系统。这3个子系统的作用分别是控制兽药生产企业及人员的相关信息，控制、记录兽药生产仪器的相关购买、使用、维护，控制整个兽药生产全过程和远程操控兽药生产环境。该系统具有灵活性高、架构稳固的特点，即当用户需求（如对操作方式、运行环境、时间特性等要求）有某些变化时，该系统可完全适应，该系统已通过多种环境下、多种操作方式下的测试，灵活性很好。

一、兽药 GMP 生产企业组织机构及人员信息管理子系统

兽药生产质量管理规范（Good Manufacture Practice，GMP）是兽药生产过程必须执行的强制性标准[1]，对生产企业的组织架构和人员标准进行了严格规定，要求企业明确各类机构和人员职责、建立人员个人档案，记录各机构各岗位人员的人事档案、健康档案和培训档案信息[2]。如何高效管理兽药生产企业的组织机构和人员信息是顺利通过 GMP 检查验收的首要工作。兽药 GMP 企业组织机构及人员信息管理子系统以 Eclipse 和 MySQL 平台为基础开发，以期实现兽药生产企业的组织机构和人员信息的高效管理，提高企业人力资源管理效率，助力企业顺利通过 GMP 检查的组织机构和人员项的验收。

（一）系统功能

通过本系统的使用，可以加强兽药生产企业组织机构和人员信息的科学管理，提高企业人力资源管理效率，并为企业 GMP 检查的机构和人员验收提供详尽信息，简化兽药生产企业组织机构和人员信息的录入、查询、统计、输出等操作流程。

（二）系统数据库设计

兽药 GMP 生产企业组织机构及人员信息管理子系统数据库设计如图 5-1 所示。兽药 GMP 生产企业组织机构及人员信息管理子系统数据库包括企业基本信息表、企业生产许可证信息表、GMP 信息表、企业组织结构表、企业员工档案表等。企业基本信息表包括企业编号、企业名称、法定代表人、企业地点、类型、注册资本等字段。企业生产许可证信息表包括发证日期、发证部门、认证版本、企业名称、生产范围等字段。GMP 信息表包含发证日期、发证部门、认证版本、企业名称、认证范围等字段。企业组织结构表包括部门名称、部门职责、部门负责人、部门电话、部门人数等字段。上述字段中需要存储文本信息的字段的类型均设置为文本类型，字段长度为 255。上述字段中需要存储数字信息的字段的类型均设置为双精度浮点型，以满足数据存储的需要。

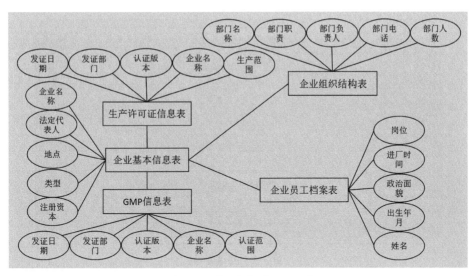

图 5-1　系统数据库 E-R 图

（三）功能模块

本系统包括登录、首页、企业信息、企业组织结构和人员信息管理、企业员工个人档案管理五个模块。用户通过登录模块进入本系统，然后进入系统首页模块。系统首页模块展示出系统的基本功能，为各个功能提供入口。企业组织结构和人员信息管理模块用于企业组织结构和企业人员信息的增删改查。企业员工个人档案管理模块用于管理员工的个人档案。

1. 登录界面

图 5-2 所示是兽药 GMP 生产企业组织机构及人员信息管理系统的登录界面。用户在浏览器内输入系统网址，进入系统登录界面。在登录界面内的用户名和密码输入框中输入用户名和密码，点击"登录"按钮进入系统主页。点击"忘记密码"按钮可以通过手机号码等预留信息找回密码。本系统不支持自主注册，需通过系统管理员进行账号注册。

图 5-2　登录界面

2. 系统首页

系统登录后进入系统首页，如图 5-3 所示。系统首页主要是分为 3 个部分：企业信息，组织架构和人事档案。通过点击首页中的 3 个图片可以进入相对应的功能模块。

图 5-3　系统首页

3. 企业信息模块

企业信息模块主要用来管理维护企业信息，对企业信息进行添加、修改、删除、展示。企业信息主要包括三部分内容，第一部分是兽药企业基本信息，

第二部分是企业兽药生产许可信息，第三部分是兽药 GMP 证书信息。图 5-4 所示的是企业基本信息界面。通过此页面可以获取企业的名称、生产许可证编号、许可证发证日期、法定代表人、企业负责人、许可证有效日期、企业类型、分类码、组织结构代码、生产状态、管辖部门、是否具备无菌条件、质量受权人、注册地址所在地市、注册资本、邮政编码、企业联系人、移动电话、传真、注册地址等企业信息。此外，本界面还有企业总平面图扫描件、厂区总体布局图扫描件、厂房工艺布局图扫描件等文件，可供用户下载后查看。

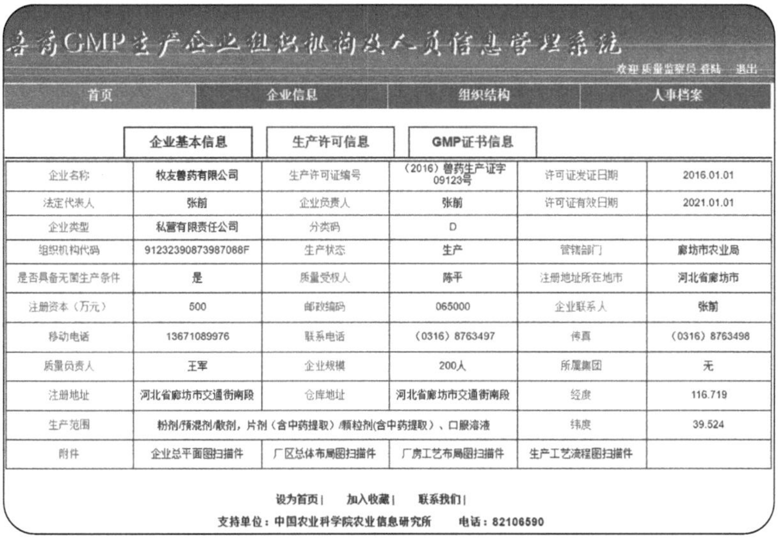

图 5-4　企业信息查询浏览界面

图 5-5 展示的是兽药生产公司的兽药生产许可证信息。其中包含了兽药生产许可证的所有信息，包括：企业名称、注册地址、生产许可证编号、企业类型、发证日期、截止日期、分类码、企业负责人、法定代表人、发证机关、证书状态、生产范围、生产许可证照等信息。

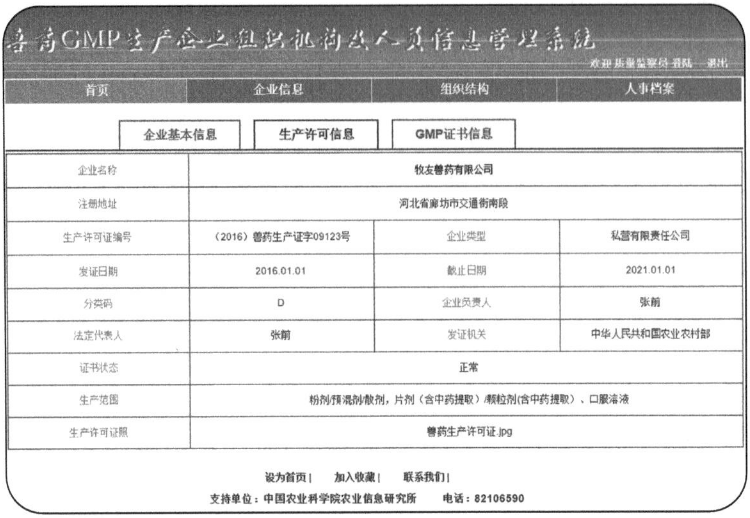

企业名称	牧友兽药有限公司		
注册地址	河北省廊坊市交通街南段		
生产许可证编号	（2016）兽药生产证字09123号	企业类型	私营有限责任公司
发证日期	2016.01.01	截止日期	2021.01.01
分类码	D	企业负责人	张前
法定代表人	张前	发证机关	中华人民共和国农业农村部
证书状态	正常		
生产范围	粉剂/预混剂/散剂，片剂（含中药提取）/颗粒剂(含中药提取）、口服溶液		
生产许可证照	兽药生产许可证.jpg		

图 5-5　企业生产许可信息查询浏览界面

图 5-6 展示的是兽药生产公司的兽药 GMP 许可证信息。其中包含了兽药 GMP 许可证的所有信息，包括：企业名称、发证日期、有效截止日期、发证部门、认证 GMP 版本、状态、认证范围、批准延续日期、有效期延续至、批准延续的认证范围、延期原因等信息。

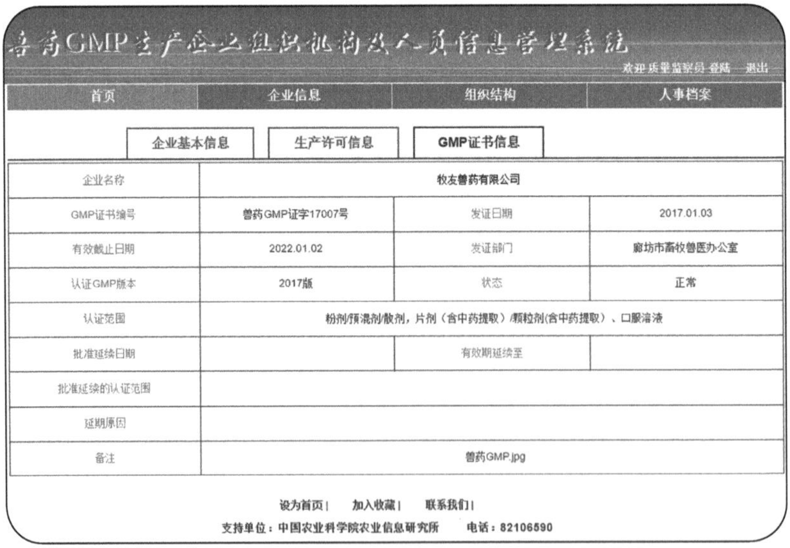

企业名称	牧友兽药有限公司		
GMP证书编号	兽药GMP证字17007号	发证日期	2017.01.03
有效截止日期	2022.01.02	发证部门	廊坊市畜牧兽医办公室
认证GMP版本	2017版	状态	正常
认证范围	粉剂/预混剂/散剂，片剂（含中药提取）/颗粒剂(含中药提取）、口服溶液		
批准延续日期		有效期延续至	
批准延续的认证范围			
延期原因			
备注	兽药GMP.jpg		

图 5-6　企业兽药 GMP 证书信息查询浏览界面

4.企业组织结构和人员信息管理模块

该模块用于企业人员信息的管理,包括增加、修改、删除和多条件综合查询,如图5-7所示。左侧导航栏可设定信息查询范围,右侧区域选项卡选择待查询信息项,查询条件设定区域进行综合查询条件设定;查询结果区域以表格形式分多页显示查询结果,单击"保存""导出"和"打印"按钮可进行查询结果的保存、导出和打印;单击"添加"按钮可实现新增人员信息添加;查询结果中选择待修改人员,单击"修改"按钮可跳转到选定人员的基本信息管理界面的修改状态,实现选定人员信息的修改;单击查询结果中选定的人员的相关信息,单击"删除"按钮,可实现选定人员信息删除。

图5-7　企业组织结构及人员信息管理界面

5.企业员工个人档案管理模块

本模块主要是用于企业人员的人事档案、健康档案和培训档案详细信息的查询和管理。左侧导航栏可设定待查看人员信息,右侧区域显示人员的人事档案、健康档案和培训档案的详细信息;左侧导航栏中选择待修改信息的人员,即可在右侧人员详细信息区域进行人员详细信息(人事档案信息、健康档案信息和培训档案信息)的修改,如图5-8、图5-9、图5-10所示。

图5-8所示为企业员工人事档案详细信息管理界面,在此处可以实现员工编号、姓名、性别、出生年月、政治面貌、进厂时间、职务、职称、所在岗位、学历、毕业院校、所学专业、从药年限、本岗位年限、附件、照片等

内容的增加、修改、删除和查询。

图 5-8　企业员工人事档案详细信息管理界面

图 5-9 所示为企业员工健康档案详细信息管理界面，主要用于管理企业员工的健康档案资料，实现档案的增加、修改、删除和查询。这里的健康档案主要包括检查日期、检查单位、检查项目、检查结果、采取措施和备注等。

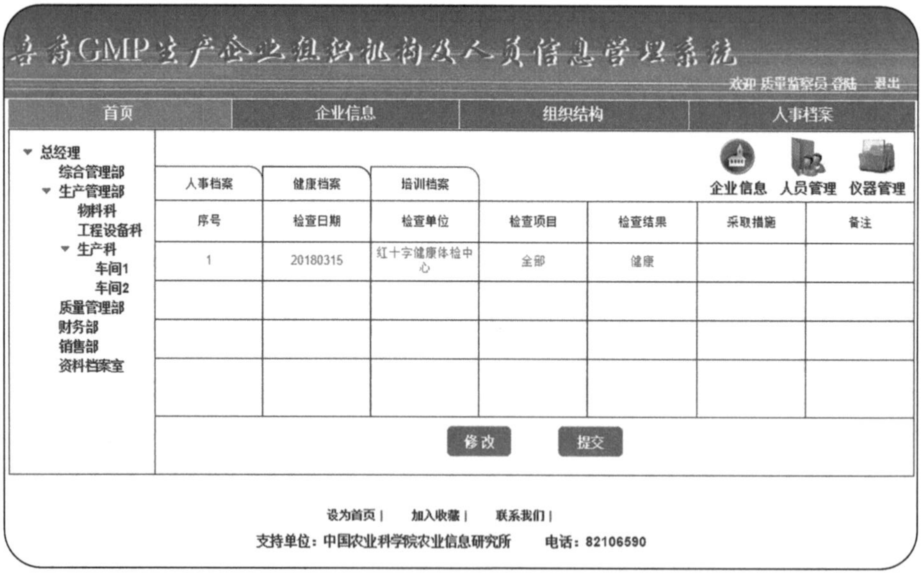

图 5-9　企业员工健康档案详细信息管理界面

图 5-10 所示为企业员工培训档案详细信息管理界面，主要用于管理企业员工的培训档案资料，实现档案的增加、修改、删除和查询。这里的培训档案主要包括培训名称、培训时间、主要内容、形式、地点、授课人、课时、成绩、附件等。

图 5-10　企业员工培训档案详细信息管理界面

二、兽药生产仪器设备协同管理信息子系统

兽药生产仪器设备的精细化管理是提高设备利用效率、保障兽药产品质量的关键环节之一，也是兽药生产质量管理规范（Good Manufacture Practice，GMP）检查验收的重要部分[3]。如何实现兽药生产企业仪器设备的协同精细监管已成为兽药生产企业亟待解决的关键问题之一[4]。兽药生产仪器设备协同管理信息子系统以 Eclipse 和 MySQL 平台为基础开发，以期实现兽药生产企业仪器设备的协同精细监管，提高企业工作效率，助力企业顺利通过 GMP 检查的仪器设备项的验收。

（一）系统功能

通过本系统的使用，可以加强兽药生产企业的生产仪器设备的科学管理，提高企业生产仪器设备的管理效率，并为企业 GMP 检查的仪器设备验收提供详尽信息，简化兽药生产企业生产仪器设备监管、操作、维修和保养等信息的录入、查询、统计、输出等记录操作。

（二）系统数据库设计

兽药生产仪器设备协同管理信息子系统数据库设计如图 5-11 所示。兽药生产仪器设备协同管理信息子系统数据库包括仪器设备信息表、仪器设备运行表、仪器设备维修表、仪器设备保养表、仪器设备操作表等。仪器设备信息表包括企业编号、设备名称、使用年限、负责人、品牌、使用说明等字段。仪器设备运行表包括设备名称、运行状态、功率、视频地址、时间等字段。仪器设备维修表包含设备名称、维修员、维修原因、维修时间、维修效果等字段。仪器设备保养表包括设备名称、保养类型、保养时间、保养成效、保养员等字段。仪器设备操作表包括设备名称、操作员、操作类型、操作时间、操作目的等字段。上述字段中需要存储文本信息的字段的类型均设置为文本类型，字段长度为 255。上述字段中需要存储数字信息的字段的类型均设置为双精度浮点型，以满足数据存储的需要。

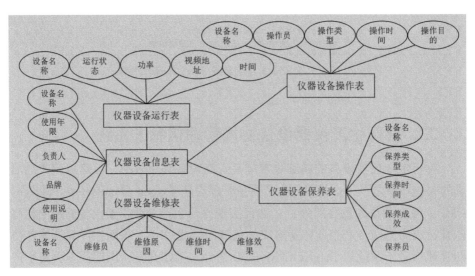

图 5-11　系统数据库 E-R 图

（三）功能模块

本系统包括登录、首页、仪器设备运行状态监管、仪器设备操作信息管理、仪器设备保养信息管理、仪器设备维修信息管理、仪器设备管理信息综合查询 7 个模块。仪器设备运行状态监管模块可以实时监管企业所有仪器设备的运行信息。仪器设备操作信息管理模块可以管理企业所有仪器设备使用信息。仪器设备保养信息管理模块可以管理所有设备仪器的保养信息。仪器设备维修信息管理模块可以管理所有设备仪器的维修信息。仪器设备管理信息综合查询模块是所有查询的统一入口,可以在此处查询仪器设备的所有信息。

1. 系统登录

图 5-12 为兽药生产仪器设备协同管理信息子系统的用户登录界面,用户首先在浏览器的地址栏输入地址,然后就会出现系统登录页面。随后用户可以在相对应的输入栏输入用户名和密码,点击"登录"按钮进入系统。如果忘记账号和密码可以点击"忘记密码"按钮,找回系统账号和密码。本系统不支持自主注册,需通过系统管理员进行账号注册。

图 5-12 登录界面

2. 系统首页

兽药生产仪器设备协同管理信息子系统首页如图 5-13 所示。通过首页可以进入兽药生产全过程中各流程的生产仪器设备的参数的实时监控页面、仪器设备操作界面、仪器设备操作保养界面、仪器设备维修界面和历史记录信息多条件综合查询页面。右侧功能导航中直接单击仪器操作区域的"仪器状态""仪器操作""仪器保养""仪器维修"或"记录查询"图标可以进入仪器设备操作的具体界面,进行相关信息记录登记。同时在左侧的导航栏可以首先选择待操作仪器设备，也可不选择，进入具体功能界面后选择。异常信息最新动态区域会滚动更新最新的仪器设备异常信息，当管理员或者用户解决异常问题后，会自动撤下。信息动态展示区域实时动态更新各生产车间的环境监测信息、仪器设备操作信息。

图 5-13　系统首页

3. 仪器设备运行状态监管模块

从首页点击仪器状态图标可进入此页面。该页面用于查看生产车间各仪器设备的参数状态和视频监控信息，如图 5-14 所示。通过点击左侧导航区中的仪器设备名称来选择待查看仪器，随后在仪器设备监测信息展示区会实时动态更新仪器设备压力、功率、速度等相关参数。单击"视频监控"按钮可实时查看仪器设备视频监控，单击其他"视频监控"按钮可以切换本车间其他系列仪器设备。单击"仪器保养"按钮可进行该仪器保养记录登记；单击"仪器维修"按钮可进行该仪器维修记录登记；单击"记录查询"按钮可进行该仪器历史操作、保养和维修记录的多条件综合查询。

图 5-14 仪器设备运行状态信息监管界面

4.仪器设备操作信息管理模块

从首页点击仪器操作图标可进入此页面。该页面用于用户登记使用生产车间各仪器的信息，如图 5-15 所示。左侧导航区可进行待操作仪器选择，也可直接选择仪器编号（默认状态下仪器编号下拉列框显示该生产车间所有仪器编号，当左侧导航栏选择生产车间后，仪器编号下拉列框只显示该生产车间的仪器编号）。当确定操作仪器设备后，可以在操作一栏添加具体的仪器使用行为。操作日期采用选择形式，无须手动输入，默认为当前"日期＋时间"。单击"视频监控"按钮可实时查看选定仪器设备的视频监控信息。

图 5-15　兽药生产仪器设备操作记录信息化管理界面

5. 仪器设备保养信息管理模块

从首页点击仪器保养图标可进入此页面。该页面用于登记生产车间各仪器设备保养记录，如图 5-16 所示。其中：左侧导航区可进行待保养仪器设备选择，也可直接选择仪器编号（默认状态下仪器编号下拉列表框显示该生产车间所有仪器编号，当左侧导航栏选择生产车间后，仪器编号下拉列表框只显示该生产车间的仪器编号）；操作日期采用选择形式，无须手动输入，默认为当前"日期＋时间"。当确定操作仪器设备后，可以在保养记录一栏添加具体的仪器保养行为。

图 5-16　兽药生产仪器设备保养记录信息化管理界面

6. 仪器设备维修信息管理模块

从首页点击仪器维修图标可进入此页面。该页面用于登记生产车间各仪器设备保养记录，如图 5-17 所示。其中：左侧导航区可进行待保养仪器设备选择，也可直接选择仪器编号（默认状态下仪器编号下拉列框显示该生产车间所有仪器编号，当左侧导航栏选择生产车间后，"仪器编号"下拉列框只显示该生产车间的仪器编号）；"操作日期"采用选择形式，无须手动输入，默认为当前"日期＋时间"；单击"视频监控"按钮可实时查看选定仪器设备的视频监控信息。在维修记录一栏中记录仪器设备的保养信息，如更换零件、添加润滑油等行为。

图 5-17 兽药生产仪器设备维修记录信息化管理界面

7. 仪器设备管理信息综合查询

从首页点击记录查询图标可进入此页面。该页面用于查询企业所有的生产仪器设备的状态参数、操作、保养和维修历史记录，可进行多条件综合查询，如图 5-18 所示。左侧导航栏可设定信息查询范围，选定具体的生产车间甚至仪器设备。右侧区域选项卡选择待查询信息项，查询条件设定区域可以选定仪器状态、维修记录、使用记录和保养记录，并对时间范围进行控制，同时也可以通过仪器编号进行查询。查询结果展示区域以表格的形式分多页显示查询结果，单击"保存"按钮、"导出"按钮和"打印"按钮可进行查询结果的保存、导出和打印。

图 5-18　兽药生产仪器设备管理信息综合查询界面

三、智慧兽药生产全过程信息监管子系统

如何确保兽药生产每一环节符合 GMP 是兽药质量安全监督管理的重中之重。智慧兽药生产全过程信息监管子系统以 Eclipse 和 MySQL 平台为基础开发，对兽药生产的全过程进行实时监控，确保生产按照既定流程运转，保证生产数据采集的真实性、及时性，减少和降低生产中存在的风险，切实保证药品生产质量。

（一）系统功能

通过本系统的使用，可以实现兽药生产车间、物料仓库的环境参数实时监测、仪器参数记录、生产操作记录和视频监控记录等的智慧化监管，实现兽药生产的关键控制点信息的实时监测和智慧化管理，改变传统 GMP 管理模式的批生产记录和批检验记录等依靠手工记录和生产记录的单一记录方式等状况。

（二）系统数据库设计

智慧兽药生产全过程信息监管子系统数据库设计如图 5-19 所示。智慧兽药生产全过程信息监管子系统数据库包括企业基本信息表、兽药仓储表、生产环境监测表、来访人员登记表等。企业基本信息表包括企业编号、企业名称、法定代表人、企业地点、企业类型、注册资本等字段。生产环境监测表包括兽药名称、批次、温度、湿度、微颗粒数等名字段。兽药仓储表包含兽药名称、仓库类型、仓库编码、数量、时间等字段。来访人员登记表包括姓名、电话、性别、来访理由、接待人等字段。上述字段中需要存储文本信息的字段的类型均设置为文本类型，字段长度为 255。上述字段中需要存储数字信息的字段的类型均设置为双精度浮点型，以满足数据存储的需要。

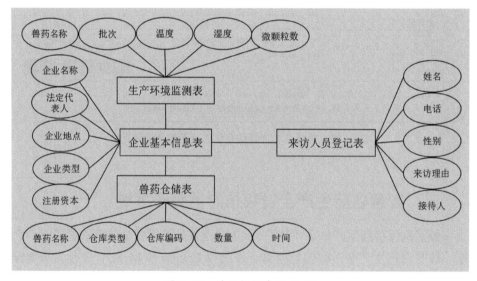

图 5-19　系统数据库 E-R 图

（三）功能模块

本系统包括登录、首页、仪器设备运行状态监管、仪器设备操作信息管理、仪器设备保养信息管理、仪器设备维修信息管理、仪器设备管理信息综合查询 7 个模块。仪器设备运行状态监管模块可以实时监管企业所有仪器设备的运行信息。仪器设备操作信息管理模块可以管理企业所有仪器设备使用信息。仪器设备保养信息管理模块可以管理所有设备仪器的保养信息。仪器设备维修信息管理模块可以管理所有设备仪器的维修信息。仪器设备管理信息综合查询模块是所有查询的统一入口，可以在此处查询仪器设备的所有信息。

1. 系统登录

图 5-20 为智慧兽药生产全过程信息监管子系统的登录界面。用户在对应输入栏输入用户名和密码，并根据彩色验证码图片提示数字在验证码输入栏填写验证码，填写好所有信息后，点击"登录"进入系统。本系统还有信息记录是否登记功能，在登录页面的下拉菜单中可以选择本系统是否记录本用户本次登录信息。

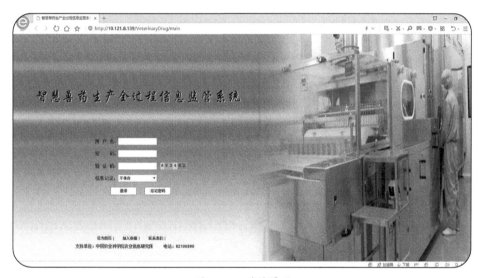

图 5-20　登录界面

2. 系统首页

用户登录之后，自动跳转到智慧兽药生产全过程信息监管子系统首页，如图 5-21 所示。通过系统首页，用户单击"生产监控"按钮可以进入兽药生产全过程中各流程关键控制点生产环境和视频监控智慧化管理模块，单击"兽药仓储"按钮可以进入兽药仓储库环境监测界面，单击"物料仓储"按钮可以进入物料仓储库环境监测界面，单击"来访登记"按钮可以进入来访信息界面，单击"综合查询"按钮可以综合查询兽药生产、存储的所有信息，包括兽药生产环境信息、生产仪器操作信息和异常信息的最新动态和历史记录信息的实时查看，以及车间来访人员记录的实时登记和查询。生产过程监控导航区实时显示各车间运行状况，单击可直接进入各车间，查看各车间详细信息；页面下部信息动态展示区实时动态更新各生产车间的环境监测信息、仪器操作信息及相关异常信息。

图 5-21　系统首页

3. 环境监控

图 5-22 所示页面用于兽药生产全过程中各生产间的环境监测信息及其历史变化情况实时动态查看、各车间生产仪器操作记录登记和异常信息的最新动态实时查看，以及历史记录查询。左侧导航区用于各生产间及所辖生产仪器导航，单击可进入各生产间和所辖生产仪器页面信息监管页面，查看详细信息。生产间监测信息展示区域实时动态展示生产间环境的动态监测结果、环境监测指标历史变化曲线。单击"视频监控"按钮，可实现车间内布设的视频监控信息的实时查看。信息动态展示区实时动态更新各生产车间的环境监测信息、仪器操作信息及相关异常信息。单击"来访登记"按钮，可进行车间来访登记记录和历史来访登记记录查询操作；单击"信息查询"按钮，可进行车间来访记录、环境监测、仪器操作及相关异常历史信息的多条件综合查询。

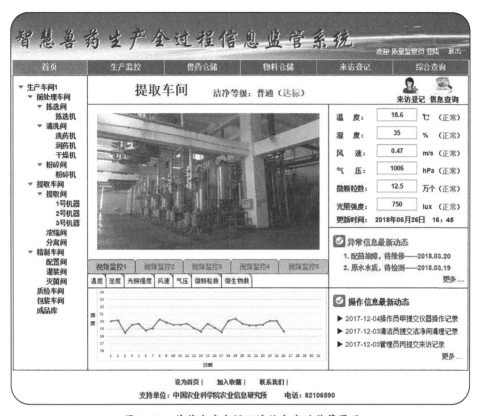

图 5-22　兽药生产车间环境信息实时监管界面

　　图 5-23 所示页面用于物料存储仓库的环境监测信息及其历史变化情况实时动态监管，以及物料存储仓库视频监控信息监管。左侧导航区为物料存储仓库导航，单击可进入各兽药存储仓库页面，查看详细信息。兽药存储仓库环境监测信息管理包含仓库环境的动态监测结果展示、环境监测指标历史变化曲线和车间视频监控信息实时查看。常见的环境信息包括温度、湿度、风速、气压、微颗粒数和光照强度。在物料存储视频下方会以折线图的形式展示该仓库的历史环境信息。通过点击不同因素选项卡，可随意切换环境信息。

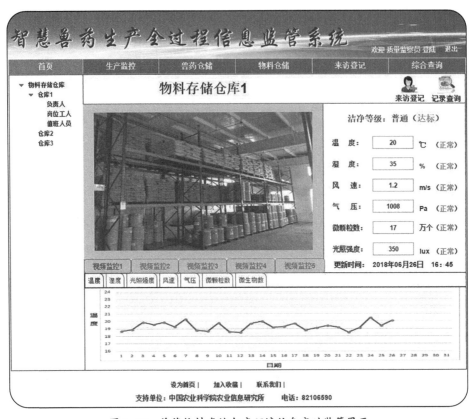

图 5-23 兽药物料存储仓库环境信息实时监管界面

4. 兽药仓储

图 5-24 所示页面用于兽药成品存储仓库的环境监测信息及其历史变化情况实时动态监管、兽药存储仓库视频监控信息监管，以及兽药成品入库、出库、报损和召回信息登记记录和历史信息多条件综合查询。左侧导航区为生产车间所辖兽药存储仓库导航，单击可进入各兽药存储仓库页面，查看详细信息。兽药存储仓库环境监测信息管理包括仓库环境的动态监测结果展示、环境监测指标历史变化曲线和车间视频监控信息实时查看。仓储记录管理用于兽药成品入库、出库、报损和召回信息登记记录和历史信息多条件综合查询。

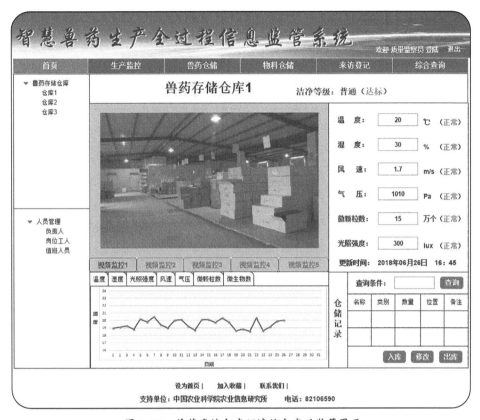

图 5-24 兽药存储仓库环境信息实时监管界面

5. 来访登记

图 5-25 所示页面可以在外来人员参观访问时记录来访人员的相关信息，并可以进行历史访问记录的实时查询。左侧导航栏选择来访车间，右侧区域登记来访信息，其中需要登记的信息有来访时间、来访人姓名、来访人性别、来访人证件号码、随同人、来访事由、联系人等。单击"生产车间 1"图标，退出到生产车间 1 信息监管界面；单击"信息查询"图标，进入生产车间 1 信息查询界面。

图 5-25　兽药生产车间来访登记记录界面

6. 信息综合查询

图 5-26 所示页面为智慧兽药生产全过程信息监管子系统的信息查询页面，用于用户查询各车间来访记录、环境监测信息、仪器操作信息及相关异常信息的历史记录，是一个多条件综合性查询。左侧导航栏用于设定信息查询范围，通过右侧区域选项卡选择待查询信息项，在查询条件设定区域进行综合查询条件设定。单击"查询"按钮，在表格区域会以多页的形式显示查询结果。单击"保存""导出"和"打印"按钮，可进行查询结果的保存、导出和打印。

图 5-26 兽药生产全过程监管信息多条件综合查询界面

四、本章小结

为满足兽药 GMP 对兽药生产企业的要求，提高兽药企业的生产和管理效率，构建了兽药生产信息监管系统。本章从系统功能、数据库设计和主要功能模块几个方面对兽药生产信息系统中的兽药 GMP 生产企业组织机构及人员信息管理子系统、兽药生产仪器设备协同管理信息子系统和智慧兽药生产全过程信息监管子系统进行了系统的介绍。兽药 GMP 生产企业组织机构及人员信息管理子系统的主要作用是辅助兽药生产企业进行 GMP 信息的登记和管理，方便企业通过兽药 GMP 证书的申请，同时也具有辅助企业进行人事、架构、工作、业务等信息管理的功能。兽药生产仪器设备协同管理信息子系统主要作用是管理企业的各类兽药生产设备，记录管理设备的基本信息、使用信息、维护信息、购买信息、报废信息。通过此系统可以提高企业的设备管理效率，减少企业的设备损耗，提升企业的设备使用率，同时也为兽药 GMP 的生产仪器设备验收提供了方便。智慧兽药生产全过程信息监管子系统可以管理兽药生产全过程的各类参数，同时对生产过程进行监控和预警，兽药的生产车间、存储仓库的环境参数，兽药生产仪器设备参数，生产操作记录和视频监控信息都可以通过子系统进行查阅，提高企业的管理效率，减少损耗。

参考文献

［1］根据《兽药生产质量管理规范》的规定，依照《兽药生产质量管理规范检查验收办法》，经现场检查及审核，现批准内蒙古生物药品厂等家兽药生产企业为兽药 GMP 企业，并颁发《兽药 GMP 证书》，特此公告，二〇〇五年七月四日．中华人民共和国农业部第 518 号公告（批准兽药 GMP 企业）［J］．中国饲料添加剂，2005，（11）：51.

［2］闫小峰．我国兽药产品存在的主要问题及改进措施［J］．中国动物保健，2007（2）：25–27.

［3］张玮．兽药企业设备管理要跟上 GMP 发展需要［J］．北方牧业，2004（6）：29–29.

［4］张姿．完善兽药机械维修程序优化兽药机械管理模式［J］．农业与技术，2016，36（6）：101.

［5］王泰健．兽药监督管理与人类健康［J］．中国家禽，2005（7）：1–6.

第六章

6

兽药经营使用信息监管系统

兽药经营使用信息系统主要是为了管理兽药的运输、销售、使用信息。它将监管兽药在运输、销售、使用过程中产生的各类信息，防止兽药因销售、运输、使用等过程产生环境污染，造成安全问题。兽药经营信息系统主要包括5个子系统，分别是：兽药 GSP 经营企业组织机构及人员信息管理子系统、兽药经营企业仓储运输设备协同管理信息子系统、兽药经营企业兽药流通信息管理子系统、兽药流通全过程仓储信息追溯子系统和兽药使用信息智慧管理 App。这5个子系统相互配合，各有侧重，统筹使用达到防控监控兽药经营、销售、存储、使用整个过程。

一、兽药 GSP 经营企业组织机构及人员信息管理子系统

兽药经营质量管理规范（Good Supply Practice，GSP）是兽药经营企业必须执行的强制性标准[1]，对经营企业的组织架构和人员标准进行了严格规定，要求企业明确各类机构和人员职责、建立人员个人档案，记录各机构各岗位人员的人事档案、健康档案和培训档案信息[2]。如何高效管理兽药经营企业的组织机构和人员信息是顺利通过 GSP 检查验收的首要工作。兽药 GSP 企业组织机构及人员信息管理系统以 Eclipse 和 MySQL 平台为基础开发，以期实现兽药经营企业的组织机构和人员信息的高效管理，提高企业人力资源管理效率，助力企业顺利通过 GSP 检查的组织机构和人员项的验收。

（一）系统功能

兽药 GSP 经营企业组织机构及人员信息管理子系统可以加强兽药经营企业的组织机构和人员信息的科学管理，提高企业人力资源管理效率，并为企业 GSP 检查的机构和人员验收提供详尽信息，简化兽药经营企业组织机构和人员信息的录入、查询、统计、输出等操作流程。

（二）系统数据库设计

兽药 GSP 经营企业组织机构及人员信息管理子系统数据库设计如图 6-1 所示。兽药 GSP 经营企业组织机构及人员信息管理子系统数据库包括企业基本信息表、兽药经营许可证表、兽药 GSP 信息表、经营企业员工档案表、企业组织结构表等。企业基本信息表包括企业编号、企业名称、法定代表人、企业负责人、经营状态、注册资本等字段。兽药经营许可证表包括发证日期、发证部门、分类码、企业名称、经营范围等字段。兽药 GSP 信息表包含发证日期、发证部门、认证版本、企业名称、认证范围等字段。企业组织结构表包括部门名称、部门职责、部门负责人、部门电话、部门人数等字段。经营企业员工档案表包括岗位、姓名、进厂时间、政治面貌、出生年月等字段。上述字段中需要存储文本信息的字段的类型均设置为文本类型，字段长度为255。上述字段中需要存储数字信息的字段的类型均设置为双精度浮点型，以满足数据存储的需要。

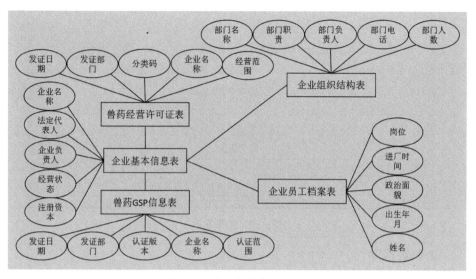

图 6-1　系统数据库 E-R 图

（三）功能模块

本系统包括登录、首页、企业信息查询浏览、企业组织结构管理、企业员工信息查询及个人档案管理 5 个模块。企业信息查询浏览模块主要用来对企业相关信息进行增加、修改、删除、查询和展示，给用户提供一个管理企业信息的入口。企业组织结构管理模块用于对企业组织结构信息进行管理。企业员工信息查询及个人档案管理模块可以辅助企业对企业员工信息进行管理。

1. 系统登录

兽药 GSP 经营企业组织机构及人员信息管理子系统的登录界面如图 6-2 所示，用户首先在对应的输入框内输入用户名、密码和验证码，点击"登录"按钮进入系统。本系统不支持自主注册账号，如有需要请联系管理员。

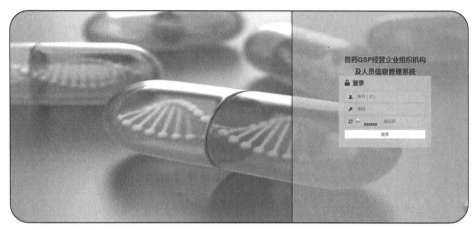

图 6-2　登录界面

2. 系统首页

在用户登录之后，首先会来到系统首页。本模块主要是为了方便用户查找、使用其他模块。系统首页点击上侧菜单栏的菜单"企业信息""组织机构"和"人事档案"图标可进入兽药经营企业的企业信息、组织机构和人事档案管理页面，如图 6-3 所示。

图 6-3　系统首页

3. 企业信息查询浏览

导航首页点击"企业信息"图标可进入企业信息页面，如图 6-4 所示。本模块主要用于企业基本信息、经营许可信息和 GSP 证书信息的查询管理。

企业基本信息页面中会显示企业的名称、法定代表人、企业类型、组织结构代码、注册资本、是否具有兽药、移动电话、企业负责人、注册地址、经营范围、企业规模等具体信息。点击页面右上角的"修改"按钮可以对企业的基本信息就行修改，修改结束之后点击"确定"按钮可以保存修改后的企业信息。单击首页菜单栏的"企业信息"或"企业信息"图标，可进入企业信息界面，查询浏览企业兽药经营许可证信息和 GSP 证书信息。

图 6-4　企业基本信息查询浏览界面

兽药经营许可证信息显示页面如图 6-5 所示，页面中显示企业的兽药经营许可证的基本信息，如企业名称、注册地址、经营许可编号、企业类型、发证日期、截止日期、分类码、企业负责人等。点击"修改"按钮可以对企业的兽药经营许可证信息进行修改，修改结束之后点击"确定"按钮进行保存。

图 6-5　企业经营许可信息查询浏览界面

企业兽药 GSP 页面主要显示企业的兽药 GSP 信息，如图 6-6 所示。页面中显示的信息有企业名称、GSP 证书编号、许可证发证日期、许可证有效日期、发证部门、认证 GSP 版本、状态、认证范围等信息。点击"修改"按钮可以对企业的 GSP 信息进行修改，修改结束之后点击"确定"按钮进行保存。

图 6-6　GSP 证书信息查询浏览界面

4. 企业组织结构管理

从导航首页点击"企业组织"图标即可进入企业组织结构管理页面，该页面用于企业组织结构信息查询管理。上侧导航栏可以选定企业组织结构图或者是组织结构部门具体信息。组织结构图可以查询企业整体组织架构，通过修改和确定按钮，对企业组织结构进行修改，如图 6-7 所示。点击组织结构图中的相关部门可以转到组织结构部门具体信息。

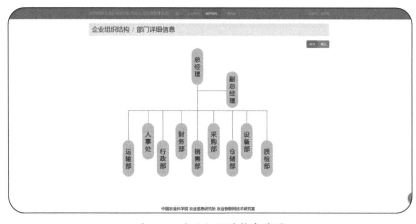

图 6-7　企业组织结构查询图

组织结构部门具体信息如图 6-8 所示。页面中会介绍部门相关信息，包括工作职能、人员构成以及人员的部分信息，点击页面人员行的更多按钮，可以跳转至部门人员的详细信息。点击页面中部门名称左侧的"修改"按钮，可以对企业的主要职能和人员构成进行修改，点击"确定"按钮可以保存修改的结果。

图 6-8　企业组织结构／部门详细信息查询图

5. 企业员工信息查询及个人档案管理

本模块用于对企业人员人事档案、健康档案和培训档案进行管理，包括查询、增加、删除、修改，如图 6-9 所示。使用查询员工功能时，可以根据员工的姓名、员工 ID、员工部门等条件进行查询，查询结果在查询条件下方的表格中显示；点击"更多"按钮可以查看查询结果中企业员工的详细信息。

图 6-9　员工查询图

　　企业员工人事档案信息页面如图 6-10 所示。通过页面中的表格可以浏览员工的姓名、性别、年龄、生日、电话、住址、员工 ID、学历、学位、政治面貌、专业、毕业学校、进厂时间、职务、职位、岗位，从药年限和岗位年限等信息，通过页面右上角的"修改"按钮可以对员工的基本信息进行修改，修改结束后，点击"确定"按钮保存修改的内容。

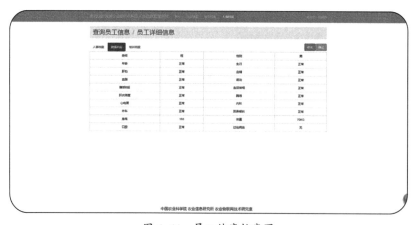

图 6-10　员工人事档案图

　　企业员工健康档案页面如图 6-11 所示。通过页面中的表格可以浏览员工的健康档案信息，包括：姓名、性别、年龄、生日、肝功、血糖、血脂、肾功、腹部 B 超、血尿常规、肝炎筛查、胸透、心电图、内科、外科、耳鼻喉科、身高、体重、口腔、过往病史等内容。通过页面右上角的"修改"按钮和"确定"按钮可以对上述内容进行修改。

图 6-11　员工健康档案图

　　企业员工培训档案页面如图 6-12 所示。通过页面中的表格可以浏览员工所有的培训记录，包括培训的名称、时间、内容、形式、地点、授课人、课时、成绩、附件、心得等内容。通过页面右上角的"修改"按钮和"确定"按钮可以对上述内容进行修改。

图 6-12　员工培训档案图

二、兽药经营企业仓储运输设备协同管理信息子系统

　　兽药经营企业仓储运输设备的精细化管理是提高设备利用效率、保障兽药产品质量的关键环节之一，也是兽药经营质量管理规范（Good Supply Practice，GSP）检查验收的重要部分[3]。如何实现兽药经营企业的仓储运输设备的协同精细监管已成为兽药经营企业亟待解决的关键问题之一。兽药经营仓储运输设备协同管理信息系统以 Eclipse 和 MySQL 平台为基础开发，以期实现兽药经营企业的仓储运输设备的协同精细监管，提高企业工作效率，助力企业顺利通过 GSP 检查的运输设备项的验收。

（一）系统功能

　　本系统的使用，可以加强兽药经营企业的仓储运输设备的科学管理，提高企业仓储运输设备的管理效率，并为企业 GSP 检查的设备验收提供详尽信息，简化兽药经营企业仓储运输设备监管等信息的录入、查询、统计、输出等记录操作。

（二）系统数据库设计

兽药经营企业仓储运输设备协同管理信息子系统数据库设计如图 6-13 所示。兽药经营企业仓储运输设备协同管理信息子系统数据库包括兽药基本信息表、兽药运输信息表、兽药运输环境表、兽药仓库信息表、兽药仓储环境表等。兽药基本信息表包括兽药名称、批准文号、剂型、规格、有效期等字段。兽药运输信息表包括兽药名称、出发地、目的地、数量、时间等字段。兽药运输环境表包含运输 ID、兽药名称、温度、湿度、微颗粒数等字段。兽药仓库信息表包括地址、名称、面积、冷藏库面积、常温库面积等字段。兽药仓储环境表包括仓库名称、兽药名称、温度、湿度、微颗粒数等字段。上述字段中需要存储文本信息的字段的类型均设置为文本类型，字段长度为255。上述字段中需要存储数字信息的字段的类型均设置为双精度浮点型，以满足数据存储的需要。

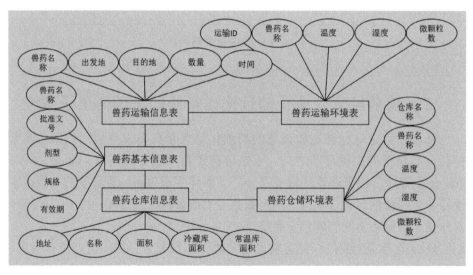

图 6-13 系统数据库 E-R 图

（三）功能模块

本系统具有登录、首页、仓库信息查询、仓库环境信息查询、运输信息查询、运输环境信息查询、视频查询 7 个模块。仓库信息查询模块可以实时查询企业所拥有仓库的基础信息。仓库环境信息查询模块可以查询兽药企业仓库实时环境信息和过往环境记录。运输信息查询模块主要是对兽药企业的兽药运输信息进行管理。运输环境信息查询模块主要用于兽药运输过程中的环境信息和过往环境信息管理。视频查询模块可以管理、查询企业在仓库安装的所有摄像头拍摄的实时视频和历史记录视频。

1. 系统登录

兽药经营企业仓储运输设备协同管理信息子系统的登录页面如图 6–14 所示，用户首先在对应的输入框内输入用户名、密码和验证码，点击"登录"按钮进入系统。本系统不支持自主注册账号，如有需要请联系管理员。

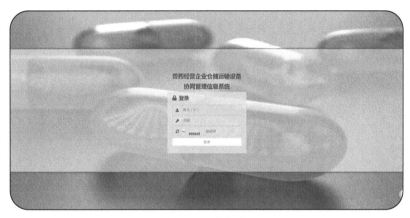

图 6–14　登录界面

2. 系统首页

系统首页点击上侧菜单栏的"仓库信息""运输信息"和"视频信息"图标可进入兽药经营企业的仓库信息、运输信息和视频信息页面，如图 6–15 所示。

图 6–15　系统首页

3. 仓库信息查询

本模块主要是对企业的仓库信息进行查询，如图 6-16 所示。通过点击页面中左侧的仓库图像或者文字进行仓库的跳转。页面右侧显示的是仓库具体信息，包括仓库的地址、名称、面积以及各种存放兽药所必需的设施，也是 GSP 中要求的存储设施。通过页面下方的修改按钮可以对仓库信息进行修改，点击确定即修改完成。点击仓库环境信息进入仓库环境页面。

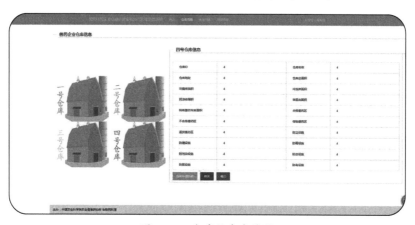

图 6-16　仓库信息查询图

4. 仓库环境信息查询

仓库环境查询模块显示的是仓库实时环境信息和过往环境记录，如图 6-17 所示。页面左上角是选择按钮，可以对仓库进行选择。页面下方是仓库的照片轮播图，可以轮流显示 5 张仓库照片，轮播图右侧则是仓库的实时视频，可以观看仓库的实时监控。轮播图下方是仓库的环境实时参数，包括温度、湿度、气压、光照、PM2.5 等信息。环境参数每小时更新一次。仓库实时监控下方是仓库 24 小时实时环境折线图，可以显示在过去 24 小时之内的仓库环境信息。页面右侧是仓库所有信息的记录，可以通过"查询""添加""删除""修改"按钮进行修改，还可以通过右上方的打印按钮进行打印。

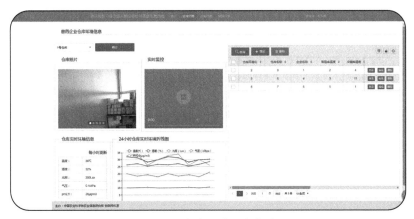

图 6-17　仓库环境信息查询图

5. 运输信息查询

本模块主要是对经营企业的兽药运输信息进行包括增加、删除、修改、查询等功能的管理，如图 6-18 所示。页面中的表格中展示出企业的所有兽药的运输信息，包括发送企业、接受企业、始发地址、目的地址、兽药通用名称、商品名称等信息。点击页面中的"查看"按钮可以查看相应运输记录的详细内容，点击"添加"按钮可以对运输信息进行添加，点击"编辑"按钮可以对运输信息进行编辑，点击"删除"按钮可以对运输信息进行删除，点击"查询"按钮可以对运输信息进行查询，还可以对表格的列进行调整删除，还具有表格打印功能。

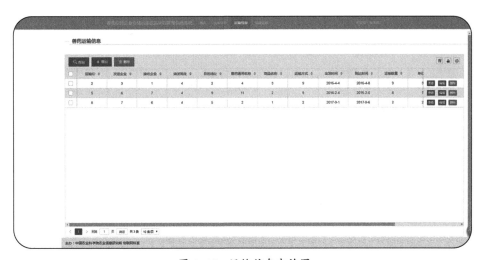

图 6-18　运输信息查询图

图 6-19 展示的是运输信息查询功能的截图。通过填写表格中的字段对所有的兽药运输信息进行查询。具体包括的字段有：发送企业、接受企业、始发地址、目的地址、兽药通用名称、商品名称、运输方式、出发时间、到达时间。

图 6-19　查询兽药信息功能图

图 6-20 展示的兽药运输信息页面，可以更加直观详细展示出运输信息。具体信息包括：运输 ID、发送企业、接受企业、始发地址、目的地址、兽药通用名称、商品名称、运输方式、出发时间、到达时间、运输数量、单位、运输人姓名、运输人电话。

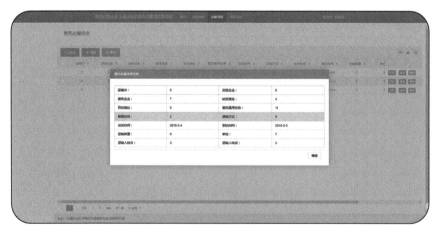

图 6-20　运输信息查看功能图

6. 运输环境信息查询

运输环境信息查询模块显示的是兽药运输过程中的环境信息和过往环境记录，如图 6-21 所示。页面左上角是输入框，可以通过运输 ID 对运输环境信息进行选择。页面下方是运输过程中的照片轮播图，可以轮流显示 5 张运输照片，轮播图右侧则是运输过程中的视频。轮播图下方是运输过程中的位置参数、地图信息。运输视频下方是运输过程中环境信息折线图，可以显示运输过程中所有时间段的环境信息，包括温度、湿度、气压、PM2.5 光照强度等信息。页面右侧是运输环境所有信息的记录，可以通过"查询""添加""删除""修改"按钮进行修改，还可以通过右上方的打印按钮进行打印。

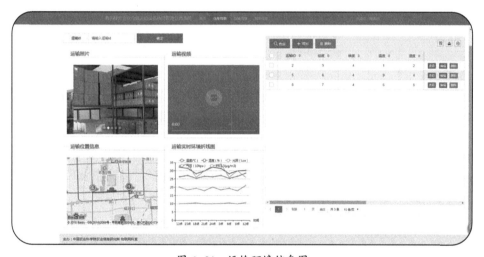

图 6-21　运输环境信息图

7. 视频查询

本模块可以实现查看企业在仓库安装的所有摄像头拍摄的实时视频和历史记录视频，如图 6-22 所示。首先通过右侧的表格进行仓库摄像头的筛选，然后在页面上方的输入框内选择观看的时间，点击查询按钮，即可观看历史视频，通过点击实时视频按钮，即可观看当前实时视频。

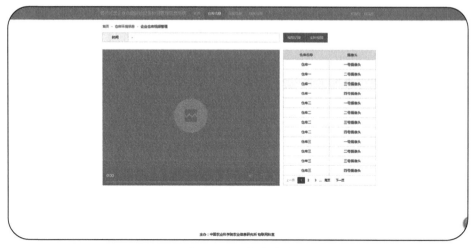

图 6-22　视频查询图

三、兽药经营企业兽药流通信息管理子系统

兽药经营企业兽药流通信息管理系统以 Eclipse 和 MySQL 平台为基础开发，以期实现兽药经营企业的经营信息协同精细监管，提高企业工作效率，助力企业顺利通过 GSP 和兽药经营许可证的验收。

（一）系统功能

本系统的使用，可以加强兽药经营企业的兽药运营信息的科学管理，提高企业的管理效率，并为企业 GSP 检查和兽药经营许可证的验收提供详尽信息，简化兽药经营企业监管等信息的录入、查询、统计、输出等记录操作。

（二）系统数据库设计

兽药经营企业兽药流通信息管理子系统数据库设计如图 6-23 所示。兽药经营企业兽药流通信息管理子系统数据库包括企业基本信息表、兽药经营许可证表、兽药 GSP 信息表、兽药基本信息表、公告信息表等。企业基本信息表包括企业编号、企业名称、法定代表人、企业负责人、经营状态、注册资本等字段。兽药经营许可证表包括发证日期、发证部门、分类码、企业名称、经营范围等字段。兽药 GSP 信息表包含发证日期、发证部门、认证版本、企业名称、认证范围等字段。兽药基本信息表包括兽药名称、批准文号、剂型、规格、有效期等字段。公告信息表包括标题、正文、权限、负责人、时间等字段。上述字段中需要存储文本信息的字段的类型均设置为文本类型，字段长度为 255。上述字段中需要存储数字信息的字段的类型均设置为双精度浮点型，以满足数据存储的需要。

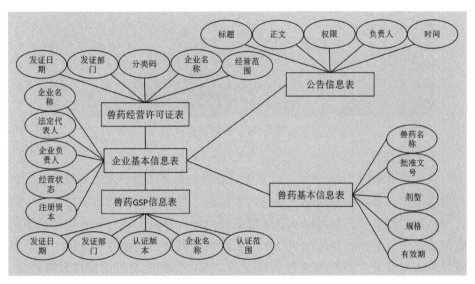

图 6-23　系统数据库 E-R 图

（三）功能模块

本系统具有登录、首页、公告展示、兽药信息管理查询、兽药信息追溯查询、企业信息管理、兽药出入库及库存管理 7 个模块。公告展示模块用来展示公司及上级单位的公告和公示，以供用户浏览。兽药信息管理查询模块用来对国产兽药信息和进口兽药信息进行增加、修改、删除和查询。兽药信息追溯查询模块可以对流通经营企业范围内的兽药信息进行追溯。企业信息管理模块可以对企业信息进行管理。兽药出入库及库存管理模块可以实现对企业兽药所有出库、入库和库存信息的管理。

1. 系统登录

兽药经营企业兽药流通信息管理子系统的登录页面如图 6-24 所示，用户首先在对应的输入框内输入用户名、密码和验证码，点击"登录"按钮进入系统。本系统不支持自主注册账号，如有需要请联系管理员。

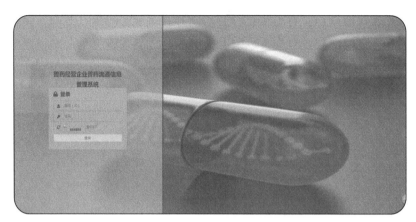

图 6-24　登录界面

2. 系统首页

系统首页如图 6-25 所示。首页上具有进口兽药信息、国产兽药信息、兽药追溯信息、兽药出库信息、兽药入库信息、兽药库存信息的快捷按钮，既可以从侧边栏点击，也可以从正文按钮处点击。首页上还有各省兽药经销商数量直方图、兽药库存情况饼状图、兽药销售数量折线图等统计图，可以方便管理者对企业大致信息进行管理查询。首页右侧则是兽药信息最新公告、兽药使用信息最新动态、兽药库存信息最新动态、兽药运输信息最新动态等公告信息。

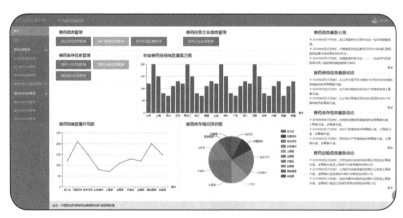

图 6-25　系统首页

3. 公告展示

本模块用来展示企业及上级单位发出的公告和公示，以供用户浏览，如图 6-26 公告列表图所示。企业展示公告通知按照时间的先后顺序，排列在页面中，用户通过点击自己感兴趣的通知进行详情页面。本模块还可以添加通知、修改通知、删除通知。在添加通知时可以根据通知的重要程度对公告进行定级，级别高的通知优先展示。

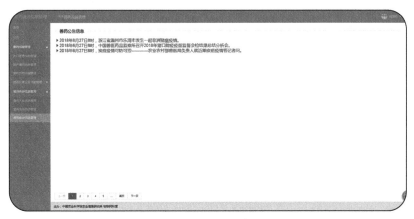

图 6-26　公告列表图

图 6-27 所示为公司展示公告的详细内容，公告正文包括公告的标题、时间、作者和具体内容。

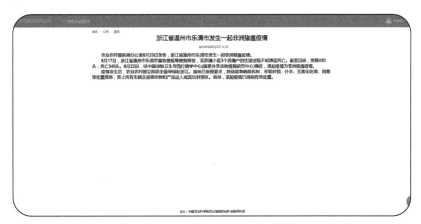

图 6-27　公告详细信息图

4. 兽药信息管理查询

兽药信息管理查询页面可以对国产兽药信息和进口兽药信息进行增加、修改、删除和查询。同时还具有打印和调整行列的功能。进口兽药信息列表如图 6-28 所示，具体的兽药信息包括兽药 ID、兽药代理机构、兽药生产机构、兽药名称、兽药通用名称、兽药规格、批准文号、注册证书号、失效日期、兽药剂型、兽药生产许可证、生产时间、生产地址等信息。

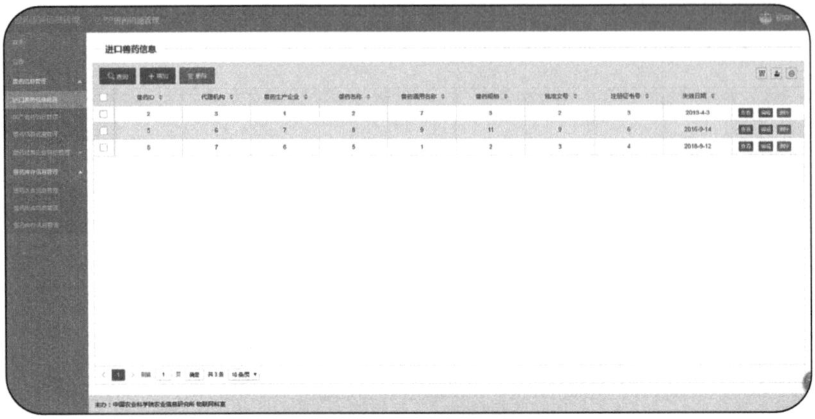

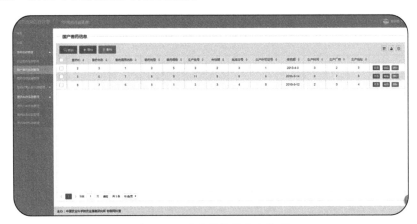

图 6-28　进口兽药信息查询图

国产兽药信息列表如图 6-29 所示，具体的兽药信息包括兽药 ID、兽药代理机构、兽药生产机构、兽药名称、兽药通用名称等信息。点击页面中的"查看"按钮，可以查看所在行的兽药的详细信息，点击"编辑"按钮可以修改所在行的兽药的详细信息，点击"删除"按钮可以删除兽药信息，点击"添加"按钮可以添加新的兽药信息。

图 6-29　国产兽药信息查询图

5.兽药信息追溯管理

本模块主要是对流通经营企业范围内的兽药信息进行追溯，如图 6-30 所示，通过页面的表格对追溯信息进行展示。通过页面上方的兽药名称或者生产批号或者批准文号等信息进行查询，可查询出兽药入库数量、出库数量、库存数量，兽药入库信息、出库信息、运输信息等信息。

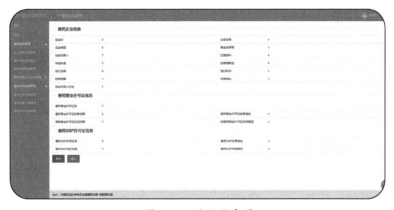

图 6-30　运输信息查询图

6. 企业信息管理

企业信息管理模块管理的是企业的详细信息，如图 6-31 所示。企业信息共分为三类。一类是企业基础信息，包括企业名称、法人、注册资本、从事行业、年检年度、经营范围等企业申请基础信息。第二类是企业的兽药经营许可证信息，里边具有许可证的详细信息，包括兽药经营许可证号、兽药经营许可证经营范围、经营地址、发证日期、有效期至等信息，第三类是企业的兽药 GSP 许可证信息。通过页面下方的按钮可以对信息进行修改。

图 6-31　企业信息图

7. 兽药出入库及库存页面

本模块可以实现对企业兽药所有出库、入库和库存信息查看，并可以对上述信进行增加、修改、删除、查询等操作。图 6-32 显示的是兽药入库信息，从图中可以看到兽药入库的部分重要信息，如入库 ID、经营企业名称、供应商名称、商品类型、生产企业名称、通用名称、商品名称等。

图 6-32　兽药入库信息查询图

四、兽药流通全过程仓储信息追溯子系统

兽药产品从生产到使用到患病动物身上需要经历多次运输过程，其中兽药流通过程中对仓储与运输要求相当高，稍有不慎，就会对兽药造成污染。很多兽药产品需要在储运过程中冷藏、不能与其他物品混放、需要有好的储运环境。但目前许多食品由非专业储运兽药产品的企业进行储运[5]。许多食品在储运过程中由于温度、环境、储运时间等原因导致变质，给我国动物产品安全造成隐患。兽药流通全过程仓储信息监管系统以 Eclipse 和 MySQL 平台为基础开发，以期对兽药产品流通过程中安全性起到过程监督和控制的作用，保障兽药产品的质量安全。

（一）系统功能

本系统的使用，可以实现兽药生产仓库、运输车辆仓库、销售企业仓库和养殖场兽药产品仓库的环境参数和视频监控记录等的智慧化追溯，同时可实现兽药生产、流通和使用全过程的仓储基本信息和兽药出入库信息的查询和监管。

（二）系统数据库设计

兽药经营企业兽药流通信息管理子系统数据库设计如图 6-33 所示。兽药经营企业兽药流通信息管理子系统数据库包括兽药基本信息表、生产企业仓储表、运输车辆仓储表、销售企业仓储表、养殖场仓储表等。兽药基本信息表包括兽药名称、批准文号、剂型、规格、有效期等字段。生产企业仓储表包含仓库名称、兽药名称、温度、湿度、微颗粒数等字段。运输车辆仓储表包括运输 ID、兽药名称、温度、湿度、微颗粒数等字段。销售企业仓储表包括仓库名称、兽药名称、温度、湿度、微颗粒数等字段。养殖场仓储表包括仓库名称、兽药名称、温度、湿度、微颗粒数等字段。上述字段中需要存储文本信息的字段的类型均设置为文本类型，字段长度为 255。上述字段中需要存储数字信息的字段的类型均设置为双精度浮点型，以满足数据存储的需要。

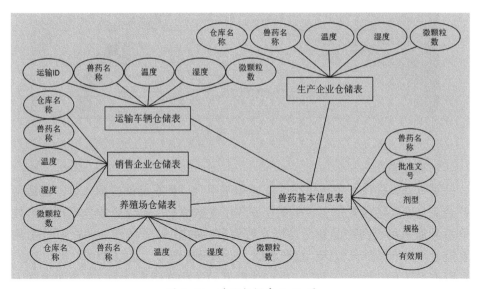

图 6-33　系统数据库 E-R 图

（三）功能模块

本系统拥有登录、首页、生产企业仓储、运输车辆仓储、销售企业仓储、养殖场仓储等 6 个模块。生产企业仓储模块用于实时查看兽药生产企业仓库的环境、基本信息、入库信息和出库信息。运输车辆仓储模块用于兽药运输过程中车辆仓库的环境监测信息及其历史变化情况实时动态查看。销售企业仓储模块用于查看兽药销售企业仓库的环境信息。养殖场仓储模块用户查看养殖场仓库的环境信息。

1. 系统登录

兽药流通全过程仓储信息追溯系统登录模块如图 6-34 所示，用户首先进入登录页面，在页面中对应的输入框内分别输入用户名和密码，点击"登录"按钮进入系统。

图 6-34　登录界面

2. 系统首页

系统首页提供了兽药生产、流通和使用全过程仓储的查询入口，包括生产企业仓库环境参数信息、车辆仓库环境参数信息、销售企业仓库环境参数信息和养殖场兽药产品仓库环境参数信息，如图 6-35 所示。用户可根据需要设置待查询条件，包括：兽药名称、检验报告编号、通用名称、生产批号、生产许可证号和生产企业等。查询结果显示的是兽药流通全过程流向的详细情况。点击生产企业图标下面的超链接可直接进入相关页面查看生产企业仓库的基本信息、出入库和环境参数信息；点击车辆下面的超链接可直接进入相关页面查看车辆仓库的基本信息、出入库和环境参数信息；点击销售图标下面的超链接可直接进入相关页面查看销售企业仓库的基本信息、出入库和环境参数信息；点击养殖场图标下面的超链接可直接进入相关页面查看养殖场仓库的基本信息、出入库和环境参数信息。

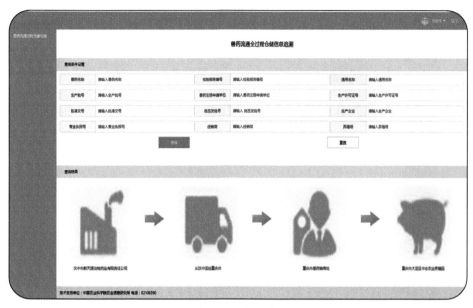

图 6-35　系统首页

3. 生产企业仓储

该模块用于查看兽药生产企业仓库的环境监测信息及其历史信息、各仓库基本信息、入库信息和出库信息，如图 6-36 所示。页面上方为菜单栏，单击"兽药流通全过程仓储信息追溯"可以进入导航首页。左侧导航区用于生产企业仓库信息导航，单击可进入生产企业仓库出入库信息介绍和仓储环境信息及其历史变化情况信息显示页面，查看详细信息。生产企业仓储信息页面上面部分展示了仓库内部图片和仓库内兽药的入库、出库信息。下半部分展示了生产企业仓库环境的动态监测结果、环境监测指标历史变化曲线情况，环境监测参数，包括湿度、温度、光照强度、风度、气压、微颗粒数和微生物数。

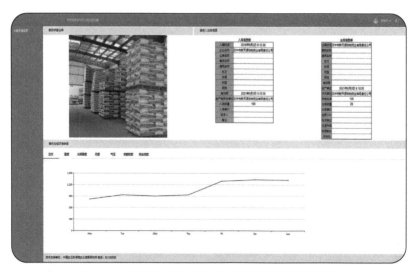

图 6-36　兽药生产企业仓库环境信息查询结果界面

4. 运输车辆仓储

该模块用于查看兽药运输过程中车辆仓库的环境监测信息及其历史信息、车辆运输基本信息，如图 6-37 所示。页面上方为菜单栏，单击"兽药流通全过程仓储信息追溯"可以进入导航首页。左侧导航区用于运输车内环境信息导航，单击可进入"运输车辆仓库基本信息介绍"和"仓储环境信息及其历史变化情况信息"显示页面，查看详细信息。车辆仓储信息页面上面部分展示了车辆仓库内部图片和仓库内兽药的运输基本信息。

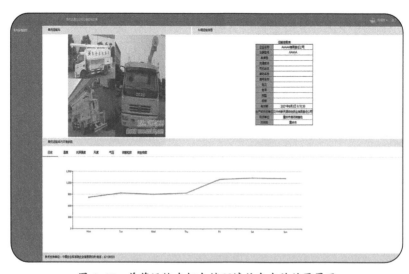

图 6-37　兽药运输车辆仓储环境信息查询结果界面

5. 销售企业仓储

该模块用于查看兽药销售企业仓库的环境监测信息及其历史信息、各仓库基本信息、入库信息和出库信息，如图 6-38 所示。左侧导航区用于"销售企业仓库信息"导航，单击可进入"销售企业仓库出入库信息介绍"和"仓储环境信息及其历史变化情况信息"显示页面，查看详细信息。销售企业仓储信息页面上面部分展示了仓库内部图片和仓库内兽药的入库、出库信息。

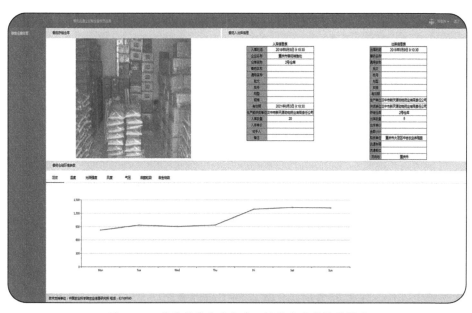

图 6-38　兽药销售企业仓库环境信息查询结果界面

6. 养殖场仓储

该模块用于查看养殖场兽药仓库的环境监测信息及其历史信息、各仓库入库信息和出库信息，以及历史记录查询，如图 6-39 所示。左侧导航区用于养殖场兽药仓库信息导航，单击可进入"养殖场兽药仓库出入库信息介绍"和"仓储环境信息及其历史变化情况信息"显示页面，查看详细信息。养殖场兽药仓储信息页面上面部分展示了兽药使用视频和仓库内兽药的入库、出库信息。

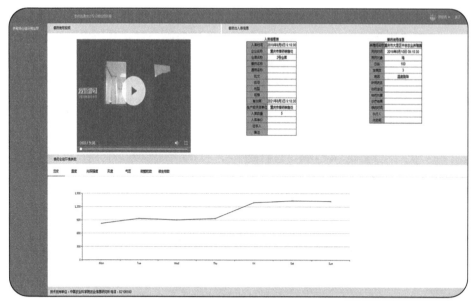

图 6-39　养殖场兽药仓库环境信息查询结果界面

五、兽药使用信息智慧管理 App

兽药在畜禽养殖过程中发挥着至关重要的作用，兽药的合理使用是确保畜禽健康成长、保障养殖户经济效益的关键因素之一[6, 7]。兽药使用信息智慧管理 App 以 Eclipse 和 MySQL 平台为基础开发，可实现兽药使用信息记录的无纸化，有效规范兽药合理使用，避免盲目用药、用量不规范、随意配伍等用药不当使用问题，确保兽药使用安全。

（一）系统功能

本系统可以在手机上通过扫描兽药包装上的二维码读取药品相关信息，并结合用户录入的方式进行兽药使用信息实时记录，同时还可以进行兽药使用记录、兽药入库和库存（库存量、库存环境）信息的管理和动态查询，实现兽药使用环节信息的高效管理。

（二）系统数据库设计

兽药使用信息智慧管理 App 数据库设计如图 6-40 所示。兽药使用信息智慧管理 App 数据库包括兽药基本信息表、兽药库存信息表、兽药出库信息表、兽药入库信息表、兽药使用信息表等。兽药基本信息表包括兽药名称、批准文号、剂型、规格、有效期等字段。兽药库存信息表包括仓库名称、兽药名称、兽药类型、数量、负责人等字段。兽药出库信息表包含兽药ID、兽药名称、数量、记录人、时间等字段。兽药入库信息表包括兽药ID、数量、兽药名称、操作员、时间等字段。兽药使用信息表包括动物名称、兽药名称、数量、操作人、时间等字段。上述字段中需要存储文本信息的字段的类型均设置为文本类型，字段长度为255。上述字段中需要存储数字信息的字段的类型均设置为双精度浮点型，以满足数据存储的需要。

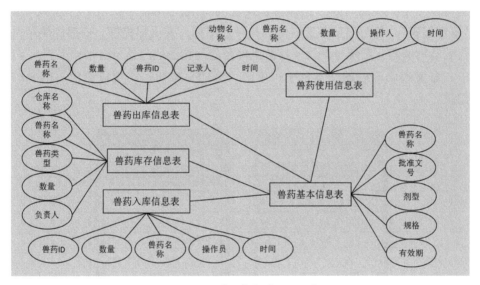

图 6-40 系统数据库E-R图

（三）功能模块

兽药使用信息智慧管理App具有以下几个模块：登录、兽药使用、兽药入库、兽药库存、库存环境、经营主体信息等。其中兽药使用模块可以辅助用户进行兽药使用信息登记管理，兽药入库模块可以辅助用户便捷地对入库的兽药信息进行登记，兽药库存模块可以方便用户实时查看用户管理的兽药库存信息，库存环境模块可以让用户实时查看企业存储兽药仓库的环境信息，经营主体信息主要是辅助经营主体对自身信息进行管理，方便其他人的查看和检阅。

1. 系统登录

打开"兽药使用信息智慧管理 App"首先进入的是登录界面，如图 6-41 所示，用户可以在此界面中输入用户名和密码，点击"登录"即可（首次登录需要注册账号和密码）。

2. 兽药使用

兽药使用模块可以辅助用户进行兽药使用信息登记。用户登录后的界面下方选项卡默认选中的是"兽药使用"，用户可以在此界面输入有关兽药"使用量""负责人"等信息，用户可以从下拉列表框中选择"使用方式"；同时也可以点击"使用时间"选择符合条件的日期，如图 6-42 所示。分别点击"畜禽编码""兽药信息"最右侧的扫一扫图标，弹出扫描框，扫描待使用兽药的动物编码，系统自动录入待使用兽药的动物编码，信息自动输入图 6-42 中"畜禽编码"后的文本框中；单击"添加"按钮，实现兽药使用信息的记录。

图 6-41　系统登录界面

图 6-42　兽药使用基本
信息录入界面

3. 兽药入库

兽药入库模块主要是辅助工作人员进行兽药的入库工作。模块界面下方选项卡选中的是"兽药入库"，用户可以点击右上角的扫一扫图标，弹出扫描框，扫描兽药二维码。通过扫描二维码，系统可以自动识别兽药相关信息并显示在屏幕上，点击"添加"按钮就可以实现兽药的入库，点击"保存"按钮可以保存当前界面信息，点击"保存继续"按钮可以继续添加新的兽药信息，如图6-43所示。

4. 兽药库存

兽药库存模块主要是辅助养殖场对兽药库存进行管理。选择页面底端"兽药库存"选项，显示的是兽药库存信息列表的界面，用户在该界面可以查看到兽药出库以及入库等信息，选择下拉框中的条件，在文本框中输入关键字或选择日期可以根据相关的条件进行查询。用户若想查看详细信息，点击右侧"查看"的图标可以查看该兽药的详细信息，如图6-44所示。

图 6-43 兽药入库
信息录入界面

图 6-44 兽药库存相关界面

5. 库存环境

兽药环境信息的检测对兽药仓储来说至关重要，不适宜的环境极易导致兽药的变质和变性，轻则导致兽药失效，重则产生毒副作用，严重威胁了兽药使用者的经济利益。本系统的兽药库存环境模块可以辅助用户实时监控兽药仓储环境信息，及时应对环境改变等突发状况。选择"库存环境"选项，进入的是库存环境信息界面，用户可以在该界面查看库存环境的监控视频以及库存环境的相关参数如：温度、湿度、风速、气压、微颗粒数、光照强度等，如图 6-45 所示。

6. 经营主体信息

经营主体信息模块可以辅助经营主体对自身信息进行管理，方便其他人的查看和检阅。选择"经营主体信息"选项，可以查看养殖场的详细信息，如图 6-46 所示。页面主要实现的内容有养殖场名称、地址、建厂日期、网址、法人姓名、注册资本、经济类型、邮政编码、联系人姓名、联系电话等关键信息。

图 6-45　兽药库存
信息查询界面

图 6-46　养殖场基础
信息查询浏览界面

六、本章小结

市场上存在销售假冒伪劣兽药、过期兽药现象，并且兽药在流通、使用过程中易受不适宜仓储环境的影响，从而产生药物污染，这都会造成严重的安全问题。此外，兽药在流通、使用过程中产生的企业信息、兽药信息、交易信息、运输信息、环境信息，如果不进行针对性的存储和梳理，将严重影响兽药的流通和追溯。针对上述问题，我们构建了兽药经营使用信息监管系统，实时监控兽药经营、销售、存储、使用整个过程。本章从兽药经营使用信息系统的意义、作用、主要功能等角度，详细介绍了兽药 GSP 经营企业组织机构及人员信息管理子系统、兽药经营企业仓储运输设备协同管理信息子系统、兽药经营企业兽药流通信息管理子系统、兽药流通全过程仓储信息追溯子系统和兽药使用信息智慧管理 App。兽药 GSP 经营企业组织机构及人员信息管理子系统可以辅助企业明确各类机构和人员职责、建立人员个人档案，记录各机构各岗位人员的人事档案、健康档案和培训档案信息。兽药经营企业仓储运输设备协同管理信息子系统可以记录兽药销售过程中各类信息，查询兽药销售各个环节中的仓储运输信息。兽药经营企业兽药流通信息管理子系统主要是为了对兽药流通中的信息进行记录，同时可以对兽药的基本信息进行查询。兽药流通全过程仓储信息追溯子系统主要是统筹整个兽药流通过程，追溯兽药整个的流量、流向，确保可以查询每一个兽药的整个生产、流通、运输的仓储信息。兽药使用智慧管理 App 可以记录用户兽药的使用信息，在兽药使用端达到精准管理。

参考文献

［1］白庚辛.加强兽药 GSP 后续监管工作的探索 [J]. 中国兽药杂志，2014，48（1）：59-51.

［2］李芹，张兴荣，罗旋.如何做好兽药 GSP 验收的准备 [J]. 云南畜牧兽医，2009（5）：41-42.

［3］莫晓燕.兽药 GMP 认证对仓库管理的要求 [J]. 经济师，2010（3）：254-255.

［4］罗舜庭，童伟，谭志坚，等.兽药 GMP 信息管理系统的开发与应用 [J]. 中国兽药杂志，2012，46（10）：39-41.

［5］刘业兵，郝毫刚，徐肖君，等.国家兽药产品追溯信息系统的建设与思考[J].中国兽药杂志，2013，47（1）：39–44.

［6］田绍明，冯丽波，屈秀凤，等.泸西县兽药使用和销售情况调查与分析[J].云南畜牧兽医，2009（B06）：102–103.

［7］张光辉，李伟，解金辉，等.加强兽药使用环节监管保障动物源性食品安全[J].中国食品卫生杂志，2010，22（4）：364–367.

第七章

7

兽药全过程追溯系统

兽药全过程追溯系统包括基于二维码的兽药基础信息查询子系统、智慧兽药流向全过程追溯子系统和兽药信息追溯系统App。这3个系统相互配合，可以让用户通过移动设备、电脑查询兽药的生产、销售、使用全过程。

一、基于二维码的兽药基础信息查询子系统

兽药作为预防、治疗、诊断畜禽等动物疾病的物质，是动物疫病防控的重要物质基础，是养殖业生产中不可或缺的投入品，既要保障动物疾病得到有效治疗，又要保障动物和人的安全。为强化兽药安全监管，保障动物产品质量安全，对兽药产品实施追溯管理，2015 年 1 月，农业部颁布中华人民共和国农业部公告第 2210 号，国家实施兽药产品二维码标识制度，为政府、企业和广大消费者提供相关的公共信息服务[1, 2]。基于二维码的兽药基础信息查询平台以 Eclipse 和 MySQL 平台为基础开发，以期基于二维码对兽药基础信息进行查询。

（一）系统功能

本系统的使用，可以实现基于二维码的兽药生产全过程环境参数及历史数据曲线、生产视频、生产工艺以及兽药基础信息，包括兽药生产企业、兽药产品批准文号、兽药注册数据、兽用生物制品批签发、兽药监督抽检结果和兽药说明书等查询服务。

（二）系统数据库设计

基于二维码的兽药基础信息查询子系统设计如图 7-1 所示。基于二维码的兽药基础信息查询子系统数据库包括兽药基本信息表、兽药注册信息表、兽用生物制品批签发信息表、兽药监督抽检信息表、兽药生产信息表等。

兽药基本信息表包括兽药名称、批准文号、剂型、规格、有效期等字段。兽药注册信息表包括兽药名称、注册分类、委托试验名称、专利、试验负责人等字段。兽用生物制品批签发信息表包含产品批准文号、兽药名称、生产企业名称、生产日期、检验数据等字段。兽药监督抽检信息表包括样本名称、样本状态、标示生产单位、样本标识、受检单位名称等字段。兽药生产信息表包括企业名称、地址、年检年度、经营范围、生产工艺等字段。上述字段中需要存储文本信息的字段的类型均设置为文本类型，字段长度为 255。上述字段中需要存储数字信息的字段的类型均设置为双精度浮点型，以满足数据存储的需要。

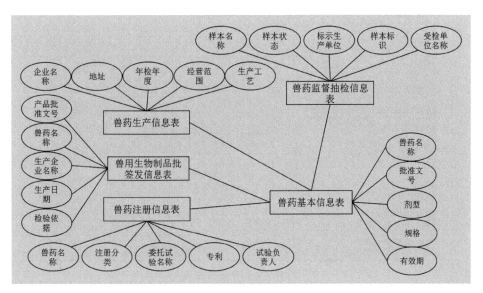

图 7-1　系统数据库 E-R 图

（三）功能模块

基于二维码的兽药基础信息查询子系统共拥有 4 个模块，分别是登录、首页、兽药产品信息和兽药生产信息模块。登录模块主要用于用户的登录，系统首页的主要功能是查询功能，兽药产品信息模块主要是展示被查询兽药的基本信息，兽药生产信息模块主要展示被查询兽药的生产信息。

1. 系统登录

基于二维码的兽药基础信息查询系统登录页面如图 7-2 所示，用户首先输入用户名和密码，点击登录进入系统。

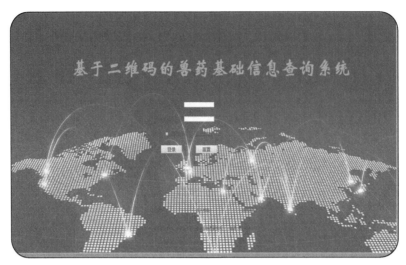

图 7-2　登录界面

2. 系统首页

通过系统首页，可进入兽药基础信息以及生产全流程关键控制点生产环境、视频监控信息和生产工艺流程等查询展示模块，如图 7-3 所示。其中，查询条件包括二维码、兽药名称、通用名称、生产批号和批准文号，当用户按查询条件输入内容后，点击查询可直接进入兽药基本信息界面。

图 7-3　系统首页

3. 兽药产品信息

兽药产品信息主要包括四部分内容，分别为：兽药基本信息，兽药注册信息、兽用生物制品批签发信息、兽药使用说明书。兽药基本信息页面用于兽药基本信息的查看，如图 7-4 所示。页面上方为菜单栏，单击"基于二维码的兽药基础信息查询"可以进入导航首页。左侧导航区用于兽药基本信息导航，点击基本信息可进入兽药基本信息界面，包括兽药名称、通用名称、兽药剂型、兽药标识、兽药类型、兽药规格、生产批号、有效期、批准文号、生产许可证号、有效成分、兽药原料和停药期等的查看。

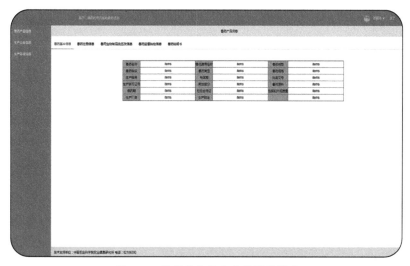

图 7-4　兽药基本信息查询结果界面

兽药注册信息页面用于兽药注册信息的查看，如图 7-5 所示。左侧导航区用于兽药基本信息导航，点击兽药注册信息选项卡进入兽药注册信息界面，包括兽药名称、通用名称、注册分类、是否特殊管理兽药、专利、同品种境外是否获准上市、委托试验名称、委托试验单位名称、试验负责人、生产企业名称、生产企业法定代表人和生产许可证编号和兽药 GMP 证书编号等的查看。

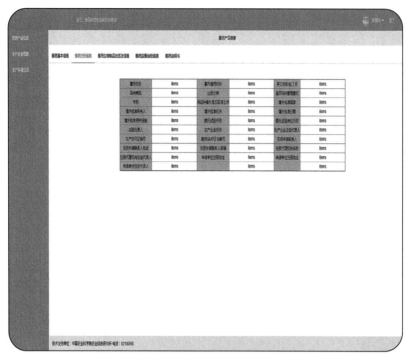

图7-5 兽药注册信息查询结果界面

兽用生物制品批签发信息。该页面用于兽用生物制品批签发信息的查看，如图7-6所示。左侧导航区用于兽药基本信息导航，再点击兽药生物制品批签发信息选项卡可进入兽药生物制品批签发信息界面，包括批号或子批批号、检验报告批号、兽药名称、通用名称、产品批准文号、生产企业名称、生产企业地址、生产日期、有效期至、检验依据和检验项目、检验开始日期、检验结束日期和检验结果等的查看。

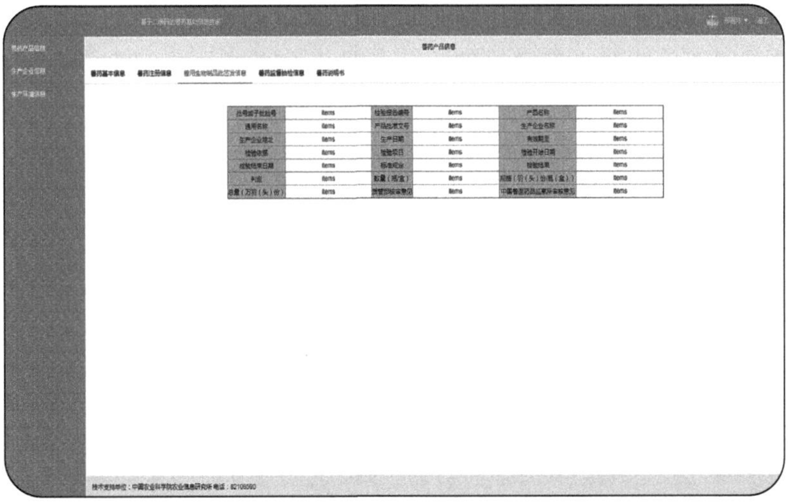

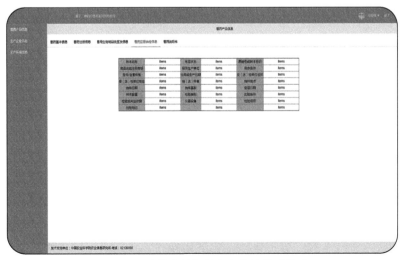

图 7-6 兽用生物制品批签发信息查询结果界面

兽药监督抽检信息。该页面用于兽药监督抽检信息的查看，如图 7-7 所示。左侧导航区用于兽药基本信息导航，点击兽药监督抽检信息选项卡可进入兽药监督抽检信息界面，包括样本名称、样本状态、原编号或样本标识、商品名或注册商标、标示生产单位、保存条件、型号/含量规格、批号或生产日期、受（送）检单位名称、受（送）检单位地址、抽（送）样者、抽样地点、抽样日期和抽样基数等的查看。

图 7-7 兽药监督抽检信息查询结果界面

兽药使用说明书。该页面用于兽药使用说明的查看，如图7-8所示。左侧导航区用于兽药基本信息导航，点击兽药说明书可进入兽药使用说明书界面。

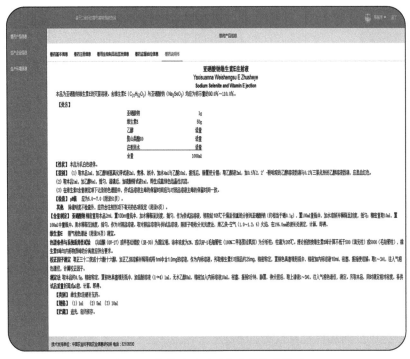

图7-8　兽药使用说明书查询结果界面

4. 兽药生产信息

兽药生产信息主要包括两个部分，一个是兽药生产企业信息，第二个是兽药生产环境信息。兽药生产企业信息页面用于兽药流通和使用全过程中生产企业简单介绍和生产企业基本信息的查看，如图7-9所示。页面上面为菜单栏，单击"基于二维码的兽药基础信息查询"可以进入导航首页。左侧导航区用于生产企业信息导航，单击可进入生产企业介绍和基本信息显示页面，查看详细信息。生产企业信息界面上半部分展示了生产企业的图片和生产企业的简要介绍。下半部分展示了生产企业的基本信息包括企业类型、营业执照号、法定代表人、注册资本、注册地址、年检年度、经营范围、经营期限、成立日期、登记机关、仓库地址、经营状态、所属行业、兽药经营许可证字号和法定代表人住址等。

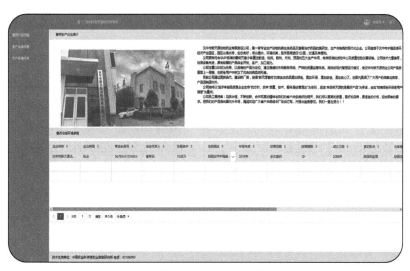

图 7-9　兽药生产企业查询结果界面

　　兽药生产环境页面用于兽药生产视频、生产工艺流程和生产环境的查看，如图 7-10 所示。左侧导航区用于生产环境信息导航，单击可进入生产视频、生产工艺和生产环境显示页面，查看详细信息。生产环境界面上半部分展示了兽药生产视频和生产工艺流程图。下半部分展示了兽药生产环境的动态监测结果、环境监测指标历史变化曲线情况查看，环境监测参数包括湿度、温度、光照强度、风度、气压、微颗粒数和微生物数。

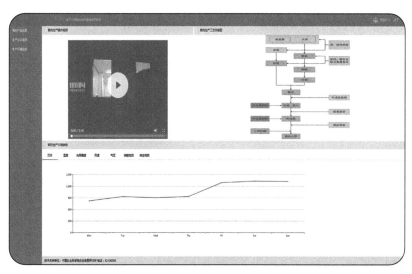

图 7-10　兽药生产环境查询结果界面

二、智慧兽药流向全过程追溯子系统

目前，我国的兽药行业缺乏有效追溯手段，非法企业冒用合法的生产企业名称、伪造兽药产品批准文号、擅自改变产品配方等违法活动屡禁不止[3]。兽药产品流通无法进行有效的追溯，给我国的动物源产品安全造成隐患[4]。智慧兽药流向全过程追溯子系统通过对兽药产品进行标识和追踪溯源，实现全国所有重大动物疫病疫苗产品等兽药产品的全程监控，实现兽药产品的追踪和溯源。智慧兽药流向全过程追溯子系统不仅能规范兽药产品市场秩序，保护养殖户的合法权益，并且对于降低兽药企业因为假冒伪劣所带来的经济损失具有积极作用。

（一）系统功能

本系统的使用，可以实现兽药生产流通信息全程可追溯，能够进行兽药产品的双向追溯，既能根据一瓶药查询到它的源头和中间流通环节，也能查到某批次药品的最终流向。同时还可以追溯经营环节的车辆轨迹和流通时间等信息。确保兽药流通过程可追溯，旨在达到兽药"来源清楚，去向明白，消费者放心"的目标。

（二）系统数据库设计

基于二维码的兽药基础信息查询子系统设计如图7-11所示。基于二维码的兽药基础信息查询子系统数据库包括兽药基本信息表、兽药生产企业信息表、兽药经营企业信息表、养殖场信息表、兽药使用信息表等。兽药基本信息表包括兽药名称、批准文号、剂型、规格、有效期等字段。兽药生产企业信息表包括企业名称、地址、年检年度、生产范围、生产工艺等字段。兽药经营企业信息表包括企业名称、地址、年检年度、经营范围、仓库地址等字段。养殖场信息表包含养殖场名称、建厂时间、地址、业主姓名、面积等字段。兽药使用信息表包括兽药名称、用药时间、对象、发病数、病因等字段。上述字段中需要存储文本信息的字段的类型均设置为文本类型，字段长度为255。上述字段中需要存储数字信息的字段的类型均设置为双精度浮点型，以满足数据存储的需要。

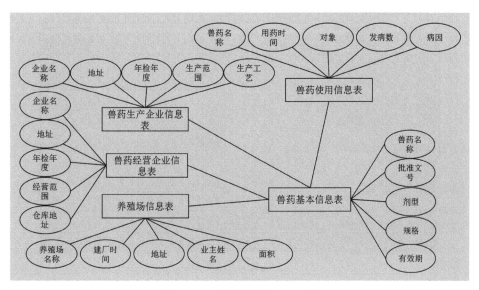

图 7-11　系统数据库 E-R 图

（三）功能模块

智慧兽药流向全过程追溯子系统主要包括登录、首页、生产企业、车辆轨迹、经营企业和养殖场共 6 个模块。系统首页可用于兽药流通与使用全过程的查询，生产企业模块用于查看兽药生产企业基本信息，车辆轨迹模块用于查看兽药运输中的车辆轨迹，经营企业模块用于查看兽药流通过程中的经营企业信息，养殖场模块用于查看使用兽药的养殖场信息。

1. 系统登录

智慧兽药流向全过程追溯子系统登录页面如图 7-12 所示，用户首先输入用户名和密码，点击登录进入系统。

图 7-12　登录界面

2. 系统首页

系统首页可进入兽药流通与使用全过程的查询，包括生产企业详细信息、车辆信息、车辆轨迹信息、路线地图展示，物流节点信息，销售企业基本信息、养殖场基本信息，兽药使用视频、兽药使用时间等查询，如图 7-13 所示。其中：查询条件设置用于用户设置查询的条件，包括：兽药名称、检验报告编号、通用名称、生产批号、生产许可证号和生产企业等。查询结果显示的兽药流通全过程中流向的详细情况。点击生产企业图标下面的超链接可直接进入生产企业详细信息的查看；点击车辆下面的超链接可直接进入车辆轨迹信息的查看；点击销售图标下面的超链接可直接进入销售企业信息的查看；点击养殖场图标下面的超链接可直接进入养殖场基本信息和兽药使用情况的查看。

3. 生产企业

该页面用于兽药流通和使用全过程中生产企业简单介绍和生产企业基本信息的查看，如图 7-14 所示。上面为菜单栏，单击"兽药产品流向追溯查询"可以进入导航首页。左侧导航区用于生产企业信息导航，单击可进入生产企业介绍和基本信息显示页面，查看详细信息。生产企业信息界面上半部分展示了生产企业的图片和生产企业的简要介绍。下半部分展示了生产企业的基本信息包括企业类型、营业执照号、法定代表人、注册资本、注册地址、年检年度、经营范围、经营期限、成立日期、登记机关、仓库地址、经营状态、所属行业、兽药经营许可证字号和法定代表人住址等。

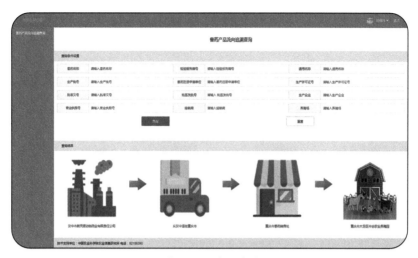

图 7-13　系统首页

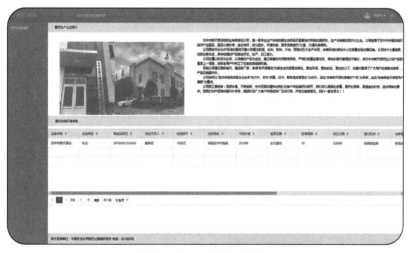

图 7-14　兽药生产企业基本信息查询结果界面

4. 车辆轨迹

该页面用于流通过程中物流车辆轨迹、流通时间、流向地等信息的查看，如图 7-15 所示。左侧导航区用于车辆轨迹信息导航，单击可进入车辆轨迹和流向地等显示页面，查看详细信息；右侧区域为信息主显示区域，一分为二，一边通过地图展示了从始点到终点的车辆运输轨迹，另一边显示了流通过程中关键事件的时间点以及流向地。

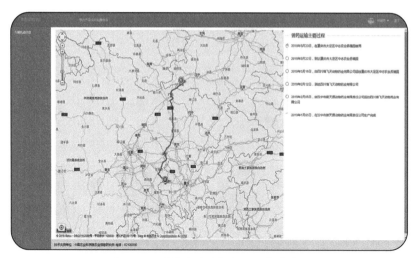

图 7-15　兽药流通车辆轨迹信查看界面

5. 经营企业

该页面用于兽药流通和使用全过程中销售企业简单介绍和销售企业基本信息的查看，如图 7-16 所示。左侧导航区用于销售企业信息导航，单击可进入销售企业介绍和基本信息显示页面，查看详细信息。销售企业信息界面上半部分展示了销售企业的图片和销售企业的简要介绍。下半部分展示了生产企业的基本信息包括企业类型、营业执照号、法定代表人、注册资本、注册地址、年检年度、经营范围、经营期限、成立日期、登记机关、仓库地址、经营状态、所属行业、兽药经营许可证字号和法定代表人住址等。

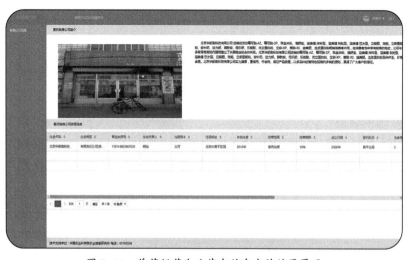

图 7-16　兽药经营企业基本信息查询结果界面

6.养殖场

该页面用于使用环节中养殖场简单介绍、养殖场基本信息、兽药使用时间和兽药使用视频的查看，如图 7-17 所示。销售企业信息界面上半部分展示了养殖场的营业执照和养殖场的简要介绍，包括养殖场名称、建场时间、地址、业主姓名、联系电话、占地面积和栏舍面积等。下半部分展示了兽药使用的基本信息包括用药时间、用药对象、日龄、发病数、病因、所用药品、给药途径、给药剂量、停药时间和使用视频等。

图 7-17　兽药养殖场使用信息查询结果界面

三、兽药信息追溯系统 App

兽药产品生产流通全过程追溯可有效增强兽药生产经营企业质量意识、诚信意识和责任意识。兽药信息追溯系统 App 以 Eclipse 和 MySQL 平台为基础开发，为兽药监管部门、兽药生产企业、兽药经营企业、养殖企业以及社会公众提供信息准确、实时在线的兽药生产流通全过程信息查询服务，可有效提升公共服务效率和水平、促进养殖业健康发展、保障动物源性食品质量安全和公共卫生安全。

（一）系统功能

本系统可以在手机上通过输入药品名称或扫描兽药包装上二维码的方式查询检索药品基本信息、生产信息以及经营流通信息，实现兽药生产经营流通全过程信息的实时追踪和溯源。

（二）系统数据库设计

兽药信息追溯系统 App 是专用于移动设备的软件，与智慧兽药流向全过程追溯子系统功能相同，但区别于访问的方式。为节省开发时间，提高开发效率，两个系统共用同一个数据库。数据库的具体设计已经在上一章节的系统数据库设计中详细介绍。为避免重复，此处不再说明。

（三）功能模块

兽药信息追溯系统 App 包括两个模块，第一个模块为系统查询模块，通过查询模块，用户可以方便快捷地使用两种方式查询兽药信息；第二个模块为兽药全过程信息模块，通过此模块可以查询兽药生产、流通、使用的整个过程。

1. 系统查询模块

打开"兽药信息追溯系统 App"，自动进入系统查询模块页面（图7-18），该模块用于兽药产销全过程信息查询方式的选择和输入，主要有两种：一是文本框中输入兽药名称，二是扫描二维码。

按兽药名称查询方式具体信息如下。用户在"药品名称"文本框中输入想要查询的兽药的全称或关键词，点击"查询"按钮，可以查询到符合条件的兽药名称列表，如果用户不输入则默认查询数据库中的所有数据。

以"四季青注射液"为例，通过单击药品名称进一步精确选择待查兽药名称，页面返回该名称兽药的所有生产企业名称列表。以"四川新辉煌动物药业有限公司"为例，单击企业名称，页面返回该兽药生产企业的查询名称的兽药的所有生产批号列表。整个过程如图 7-19 所示。点击想要查询的生产批号，页面跳转至符合兽药名称、生产厂家名称、生产批号名称这 3 个条件的兽药生产详细信息，如图 7-20 所示。

图 7-18 系统查询模块的"查询方式"下拉列表中选择二维码查询，通过扫描二维码进行兽药全过程信息精确查询。兽药二维码分为箱码和最小包装码，当扫描的二维码为箱码时，页面会自动展示箱码包含的所有下一级包装码列表，点击包装码进入兽药详细信息页面，整个过程如图 7-21 所示。当扫描的二维码为包装码时，会直接进入兽药的详细信息页面。

图 7-18　系统查询模块

图 7-19　兽药名称查询
过程展示页面

图 7-20　兽药生产
详细信息展示页面

图 7-21　兽药二维码
查询过程展示页面

137

2. 兽药全过程信息模块

兽药的详细信息页面中，点击左上方"详细信息"按钮，可进入兽药生产、流通、使用信息页面，如图 7-22 所示。页面中上方为兽药的生产厂家。下方为兽药的企业流通过程，主要内容为上游公司、存储仓库、经手人和销售时间，自上到下为流通顺序。

点击图 7-22 中所有企业的名称，可以查询该兽药企业的详细信息，如 7-23 所示。页面中首先展示的是公司的名称、法人、电话、地址和公司介绍等内容。基本信息框则展示的是更为细致的企业基础信息。当点击的企业为兽药使用企业时，页面中除了会显示企业的详细信息，还会显示兽药的使用信息。

图 7-22　兽药全过程信息
展示页面

图 7-23　兽药使用企业
详细信息展示页面

四、本章小结

兽药的全过程追溯对于兽药安全来说至关重要，通过追溯可以将兽药的生产、销售、使用全过程串联起来，从而确定出现问题兽药的环节，精准控制，减少损失。为了更加方便、快捷、准确地查询兽药整个生产、流通和使用过程，我们开发了兽药全过程追溯系统。本章主要介绍了兽药全过程追溯系统的 3 个子系统，分别是基于二维码的兽药基础信息查询子系统、智慧兽药流向全过程追溯子系统和兽药信息追溯系统 App。用户通过基于二维码的兽药基础信息查询子系统，可以查询兽药生产全过程环境参数及历史数据曲线、生产视频、生产工艺以及兽药基础信息。智慧兽药流向全过程追溯子系统的使用，可以实现兽药生产流通信息全程可追溯，能够进行兽药产品的双向追溯。兽药信息追溯系统 App 是一个款移动端的兽药追溯查询的软件，方便了手机、平板等用户的使用。

参考文献

［1］夏木.兽药产品二维码追溯强制实施［J］.农业知识，2015（4）：17.

［2］武春芳，刘业兵，赵丽霞，等.兽药二维码追溯信息自动化采集系统在大批量分装生产线上的应用［J］.中国兽药杂志，2015，49（3）：26-29.

［3］刘业兵.兽药追溯系统的研究及应用［J］.北方牧业，2014（19）：7.

［4］卞大伟，王虎.兽药追溯系统建设的问题思考和建议［J］.动物医学进展，2019，40（1）：118-120.

第八章

兽药大数据决策分析系统

8

兽药大数据决策分析系统包括 3 个子系统，分别是兽药生产大数据智慧管理子系统、兽药经营大数据智慧管理子系统和规模养殖大数据智慧监管子系统。兽药大数据决策分析系统的统计数据可视化技术、关系数据可视化技术、地理空间数据可视化技术可以让用户更直观、便捷地了解兽药在全国范围内的生产、流通和使用情况。

一、兽药生产大数据智慧管理子系统

兽药生产企业分布及各企业产量、销量和库存信息的统计对于兽药监管部门开展兽药监管工作、了解兽药生产市场行情、统筹规划兽药生产具有重要意义[1]。兽药生产大数据智慧管理系统以 Eclipse 和 MySQL 平台为基础开发，汇集兽药生产大数据，以可视化的形式为用户提供兽药生产企业分布及各企业产量、销量和库存量信息的实时统计、多条件综合查询等服务，为政府、行业和广大消费者提供兽医药品政务、行业公共信息，在满足监管部门基本执法需求的同时，为行业用户和广大消费者提供信息查询服务，提高兽药生产管理效率[2]。

（一）系统功能

通过本系统的使用，用户可实时查询兽药生产企业分布信息，兽药监管部门可实时查询指定区域或指定生产企业的产、销、存统计信息，生产企业可实时查询企业内部的产、销、存统计信息，可以加强兽药生产企业信息的科学管理，有效提高兽药监管效率。

（二）系统数据库设计

兽药生产大数据智慧管理子系统数据库设计如图 8-1 所示。兽药生产大数据智慧管理子系统数据库包括生产企业表、企业产量表、企业环境表、企业销量表、企业产量详情表等。生产企业表包括企业编号、省编号、市编号、企业名称、经度、纬度等字段。企业产量表包含编号、企业编号、药品名称、药品类型、批准文号、批号、数量等字段。企业环境表包括编号、企业编号、传感器编号、温度、湿度等字段。企业销量表包括编号、企业编号、药品名称、药品类型、销售省等字段。企业产量详情表包括编号、企业编号、药品名称、药品类型、批准文号等字段。上述字段中需要存储文本信息的字段的类型均设置为文本类型，字段长度为255。上述字段中需要存储数字信息的字段的类型均设置为双精度浮点型，以满足数据存储的需要。

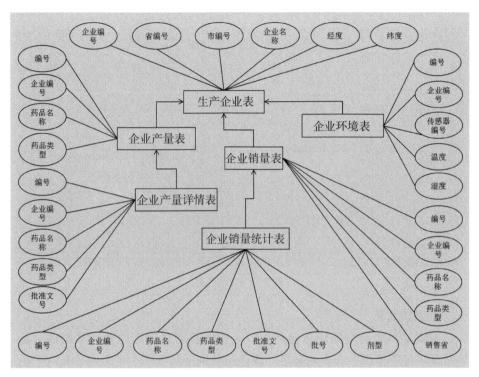

图 8-1　系统数据库 E-R 图

（三）使用说明

兽药生产大数据智慧管理子系统具有登录、首页、生产企业分布、兽药产量、兽药销量、兽药库存共 6 个模块。兽药生产企业分布模块可以方便用户查询全国及各省市兽药生产企业分布情况及数量，兽药产量模块用于全国及各省市兽药生产企业的产量信息的综合查询，兽药销量模块用于全国及各省市兽药生产企业的销量信息的综合查询，兽药库存模块用于全国及各省市兽药生产企业的库存信息的综合查询。

1. 系统登录

兽药生产大数据智慧管理子系统登录页面如图 8-2 所示，用户在相应的输入框输入用户名和密码，点击"登录"按钮进入系统。

图 8-2　登录界面

2. 系统首页

　　系统首页展示全国所有兽药生产企业的兽药月生产总量和月销售总量，地图显示各省兽药生产企业数量，统计图分别展示兽药生产企业分布、产量、销量和库存情况，如图 8-3 所示。兽药生产企业分布图（GIS 图）展示全国各省份兽药生产企业数量，单击图上任意省份，进入选中省份兽药生产企业分布详情页面；企业分布统计图（左上）展示各省份兽药生产企业数量占全国兽药生产企业总数量的百分比，单击各统计图右上方"＞＞"图标，显示兽药生产企业分布详细信息页面；兽药产量统计图（左下）展示各类型（中药、化药、生药）兽药产量占总产量的百分比，单击各统计图右上方"＞＞"图标，显示兽药产量详细信息页面；兽药销量统计图（右上）展示销售总量最多的 5 个兽药生产企业的月生产总量和月销售总量，单击各统计图右上方"＞＞"图标，显示兽药流量流向详细信息页面；兽药库存统计图（右下）分类型（中药、化药、生药）展示 5 个代表性兽药生产企业的兽药库存情况，单击各统计图上方"＞＞"图标，显示兽药库存详细信息页面。

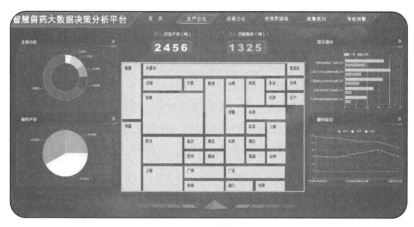

图 8-3　系统首页

3. 生产企业分布

兽药生产分布模块用于查询全国及各地兽药生产企业分布情况及数量，如图 8-4 所示。基于行政区域选择的查询：单击左侧导航树，选择查询范围（默认为全国），中间地图显示对应范围内兽药生产企业分布情况（单击图标查询具体数量），右上侧"企业数量"数字框显示查询范围内兽药生产企业总数量，右下侧表格显示查询范围内各兽药生产企业简要信息（包括企业名称、日生产量和销售量）。基于指定企业名称的模糊查询：在右侧中部"企业名称"输入框中，输入待查询企业的名称，左侧导航树以选中状态的形式定位企业所在地所属的行政区域，中部地图以企业所在地为中心缩放至企业所在地的市界范围。

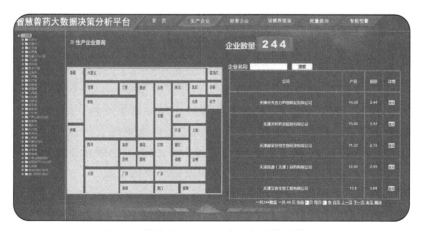

图 8-4　兽药生产企业分布信息查询浏览界面

4. 兽药产量

兽药产量模块用于全国及各地兽药生产企业的产量信息的综合查询（默认为全国所有兽药生产企业的月总产量），右侧下拉框中依次选择查询区域，如图 8-5 所示。左上侧饼状图分类型（中药、化药、生药）显示查询范围内所有兽药生产企业产量情况；左下侧线性统计图分类型（中药、化药、生药）显示范围内下一级行政区划兽药产量情况；中部地图显示查询范围内兽药生产企业分布；右侧表格分类型（中药、化药、生药）显示查询范围内下一行政区域兽药产量具体信息。

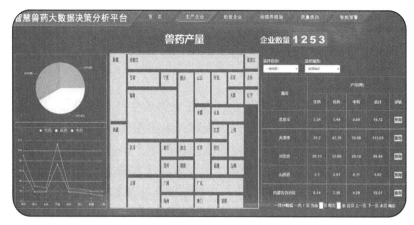

图 8-5　兽药产量信息综合查询界面

5. 兽药销量

兽药销量模块用于全国及各地兽药生产企业的销量信息的综合查询（默认为全国所有兽药生产企业的月总销售情况），查询区域选择有 2 种方式，右侧下拉框中依次选择查询的省份或市，如图 8-6 所示。

行政区域选择查询：左侧地图缩放和点选的方式选择行政区域，确定查询范围，地图展示查询范围内兽药生产企业分布情况，右侧表格展示查询范围内下一行政区域所有兽药生产企业的兽药产量和销量的具体信息。

指定条件精确查询：右侧下拉框中依次选择查询的省份或市，左侧地图同步展示查询范围内兽药生产企业分布情况，右侧表格展示查询范围内下一行政区域所有兽药生产企业的兽药产量和销量的具体信息。

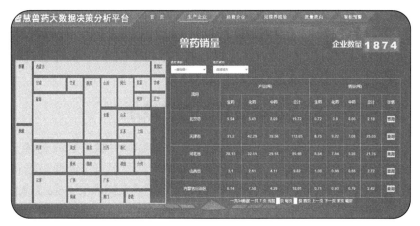

图 8-6　兽药销量信息综合查询界面

6. 兽药库存

兽药库存模块用于全国及各地兽药生产企业的库存信息的综合查询（默认为全国所有兽药生产企业的总库存情况），查询区域选择有 2 种方式，如图8-7 所示。

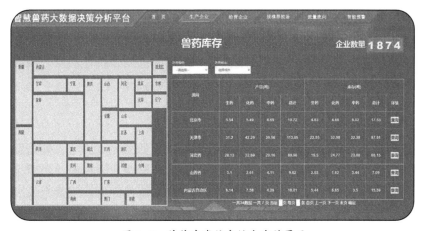

图 8-7　兽药库存信息综合查询界面

行政区域选择查询：左侧地图缩放和点选的方式选择行政区域，确定查询范围，左侧地图显示查询范围内兽药生产企业分布情况，右侧表格分类型（中药、化药、生药）显示查询范围内下一行政区域所有兽药生产企业的兽药产量和库存的具体信息。

指定条件精确查询：右侧下拉框中依次选择查询的省份或市，左侧地图

147

显示查询范围内兽药生产企业分布情况，右侧表格分类型（中药、化药、生药）显示查询范围内下一行政区域所有兽药生产企业的兽药产量和库存的具体信息。

二、兽药经营大数据智慧管理子系统

兽药经营企业分布及各企业进货量、销售量和库存量信息的统计查询和可视化展示对于兽药监管部门开展兽药流通监管、了解兽药流通市场行情及合理调配具有重要意义。兽药经营大数据智慧管理系统以 Eclipse 和 MySQL 平台为基础开发，汇集兽药经营流通大数据，以可视化的形式为用户提供兽药经营企业分布及各企业进货量、销售量和库存量信息的实时统计和多条件综合查询等服务，为政府、行业和广大消费者提供兽医药品政务、行业公共信息，在满足监管部门基本执法需求的同时，为行业用户和广大消费者提供信息查询服务，提高兽药经营流通管理效率。

（一）系统功能

通过本系统的使用，用户可实时查询兽药经营企业分布信息和库存信息，兽药监管部门可实时查询管辖区域范围内任意行政级别或指定经营企业的进销存统计信息，经营企业可实时查询企业内部的进销存统计信息。系统可有效加强兽药经营企业信息的科学管理，提升兽药监管效率。

（二）系统数据库设计

兽药经营大数据智慧管理子系统数据库设计如图 8-8 所示。兽药经营大数据智慧管理子系统数据库包括经营企业表、经营企业入库表、经营企业环境监测表、经营企业销量统计表、经营企业流量流向表等。经营企业表包括企业编号、省编号、市编号、企业名称、经度、纬度等字段。经营企业环境监测表包括编号、企业编号、传感器编号、温度、湿度等字段。经营企业入库表包含编号、企业编号、药品名称、药品类型、批准文号、批号、入库时间、数量等字段。经营企业销量统计表包括编号、企业编号、药品名称、药品类型、批准文号、数量、价格等字段。上述字段中需要存储文本信息的字段的类型均设置为文本类型，字段长度为 255。上述字段中需要存储数字信息的字段的类型均设置为双精度浮点型，以满足数据存储的需要。

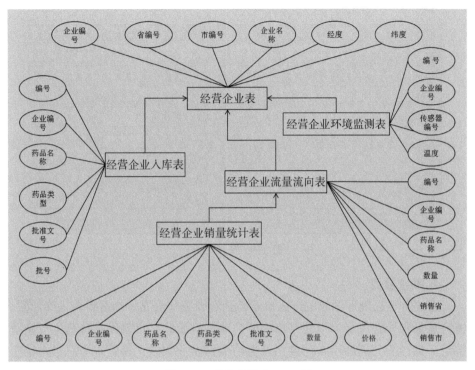

图 8-8 系统数据库 E-R 图

（三）使用说明

兽药经营大数据智慧管理子系统包括登录、首页、经营企业分布、兽药入库、兽药销量、兽药库存共 6 个模块。兽药经营企业分布模块可以方便用户查询全国及各地兽药经营企业分布情况及数量，兽药入库模块用于全国及各地兽药经营企业的入库信息的综合查询，兽药销量模块用于全国及各地兽药经营企业的销量信息的综合查询，兽药库存模块用于全国及各地兽药经营企业的库存信息的综合查询。

1. 系统登录

兽药经营大数据智慧管理系统登录页面如图 8-9 所示，用户通过输入用户名和密码，点击"登录"按钮的方式进入系统。

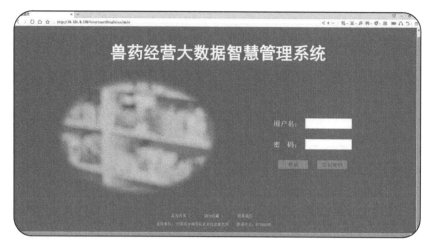

图 8-9　登录界面

2. 系统首页

系统首页以统计图表的形式展示兽药经营企业分布、当月兽药入库总量、销售总量和库存总量。以北京市为例，地图显示北京市各区县兽药生产企业数量，统计图分别展示各区县当月兽药经营企业数量、兽药入库总量、销售总量和库存总量，如图 8-10 所示。

兽药经营企业分布图（GIS 图，页面中部）展示北京市各区县兽药经营企业数量，单击图上任意区县，可进入选中区县兽药经营企业分布详情页面；

企业分布统计图（左上）展示北京市各区县兽药经营企业数量占全市兽药经营企业总数量的百分比，单击各统计图右上方"＞＞"图标，进入兽药经营企业分布详细信息页面；

兽药入库量统计图（左下）展示北京市月进货总量最多的 5 个区县各类型兽药（中药、化药、生药、生化药、消毒剂及特殊药品）的进货量情况，单击统计图右上方"＞＞"图标，进入各区县兽药进货量详细信息页面；

兽药销售量统计图（右上）展示查询当月北京市兽药销售总量最多的 7 个区县的月销售总量，单击统计图右上方"＞＞"图标，进入兽药销售情况详细信息页面；

兽药库存量统计图（右下）分类型（中药、化药、生药、生化药、消毒剂及特殊药品）展示全市各种类型兽药的库存情况，单击统计图右上方"＞＞"图标，进入兽药库存详细信息页面。

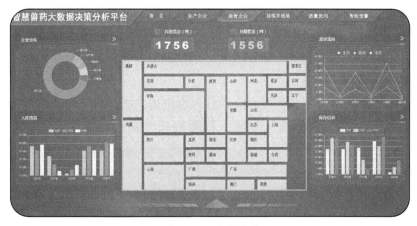

图 8-10 系统首页

3. 经营企业分布

兽药经营企业分布模块用于查询兽药经营企业分布情况及数量信息，如图 8-11 所示。待查询区域的选择方法有 2 种，一种是单击左侧地图任意区县，另一种是在右侧中部"区域"下拉框中选择。

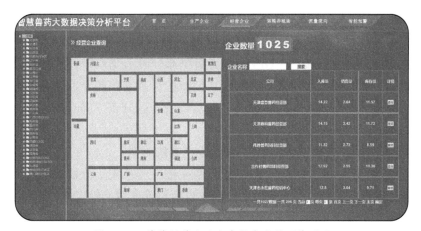

图 8-11 兽药经营企业分布信息查询浏览页面

单击左侧地图查询：查询区域选定后，地图放大切换至选中区县并显示选中区县所有兽药经营企业位置，右上侧"认证企业"数字框同步显示查询范围内兽药经营企业总数量，右下侧表格显示查询范围内的兽药经营企业的简要信息（包括企业名称、所在区县、详细地址、电话和经营品种）。

基于指定企业名称的模糊查询：在右侧中部"企业名称"输入框中，输入待查询企业的全称或关键字，页面左侧地图以企业所在地为中心缩放至企业所在地的区县界范围，右下侧表格显示查询的兽药经营企业的简要信息（包括企业名称、所在区县、详细地址、电话和经营品种）。

4. 入库信息

兽药入库信息用于兽药经营企业的入库量信息的综合查询（默认为全地区所有兽药经营企业的月总入库量），如图 8-12 所示。

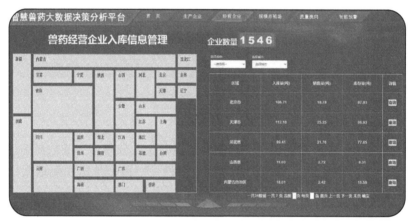

图 8-12　兽药入库信息动态展示页面

兽药经营企业分布图（GIS 图，页面中部）展示北京市各区县兽药经营企业数量，单击图上任意区县，页面切换至选择区县兽药经营企业的入库信息详情展示，地图切换至选择区县并显示经营企业分布，同时其他部分信息同步更新；

"查询时间"选择框（左上），用于设定查询时间；

"企业数量"和"总入库量（吨）"数字图标（左中）分别展示查询区域范围内经营企业总数量和所有经营企业的兽药总入库量，单位是吨；

兽药入库量统计图（左下），分类型展示查询范围内所有经营企业各类型（生药、化药、中药、生化药、消毒剂、特殊药品）兽药的总入库量，单位是吨；

"企业名称"输入框（右上），支持按名称或关键字模糊查询某一兽药经营企业的入库量信息，地图同步放大至查询企业所在地，其他部分信息同步更新；

各区县兽药入库总量线状图（右中），展示查询时间范围内北京市各区县兽药入库总量；

各区县兽药入库总量柱状图（右下），分类型（生药、化药、中药、生化药、消毒剂、特殊药品）展示查询时间范围内北京市兽药入库总量最多的5个区县的兽药入库量。

5. 兽药销量

兽药销量模块用于进行兽药经营企业的销售量信息的综合查询（默认为全市所有兽药经营企业的月总销售量），如图8-13所示。

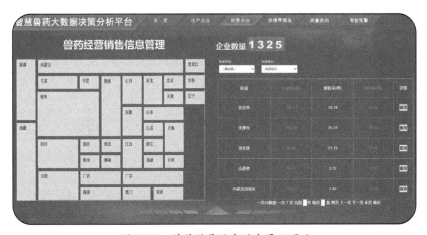

图 8-13　兽药销售信息动态展示页面

兽药经营企业分布图（GIS图，页面中部）展示北京市各区县兽药经营企业数量，单击图上任意区县，页面切换至选择区县兽药经营企业的入库信息详情展示，地图切换至选择区县并显示经营企业分布，同时其他部分信息同步更新；

"查询时间"选择框（左上），用于设定查询时间；

"企业数量"和"总销售量（吨）"数字图标（左中）分别展示查询区域范围内经营企业总数量和所有经营企业的兽药总销售量，单位是吨；

兽药销售量统计图（左下），分类型展示查询范围内销售总量最多的5个区县各类型（生药、化药、中药、生化药、消毒剂、特殊药品）兽药销售量，单位是吨；

"企业名称"输入框（右上），支持按名称或关键字模糊查询某一兽药经营企业的销售量信息，地图同步放大至查询企业所在地，其他部分信息同步更新；

各区县兽药销售总量线状图（右中），展示查询时间范围内北京市各区县兽药销售总量；

兽药销售信息动态展示表（右下），实时展示查询区域内所有兽药经营企业最新销售动态。

6. 兽药库存

兽药库存模块用于兽药经营企业的库存量信息的综合查询（默认为全市所有兽药经营企业的库存量），如图 8-14 所示。

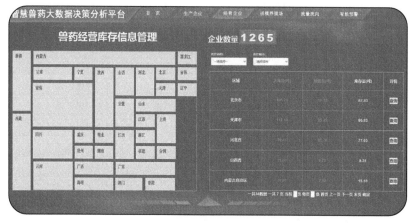

图 8-14　兽药库存信息动态展示页面

兽药经营企业分布图（GIS 图，页面左侧）展示北京市各区县兽药经营企业数量，单击图上任意区县，页面切换至选择区县兽药经营企业的入库信息详情展示，地图切换至选择区县并显示经营企业分布，同时其他部分信息同步更新；

"企业数量"和"总销售量（吨）"数字图标（右上角）分别展示查询区域范围内经营企业总数量和所有经营企业的兽药总库存量，单位是吨；

"查询时间"选择框（右上），用于设定查询时间；

"企业名称"输入框（右上），支持按名称或关键字模糊查询某一兽药经营企业的销售量信息，地图同步放大至查询企业所在地，其他部分信息同步更新；

各区县兽药库存总量线状图（右中），展示查询时间范围内北京市各区县兽药库存总量，单位是吨；

兽药库存量统计柱状图（右下），分类型展示查询范围内各区县各类型（生药、化药、中药、生化药、消毒剂、特殊药品）兽药库存量，单位是吨。

三、规模养殖大数据智慧监管子系统

规模养殖场数量、分布情况、养殖规模，以及兽药使用情况的信息化管理和可视化展示对于各级畜牧兽医主管部门开展畜禽养殖监管、保障畜禽产品质量安全和有效供应意义重大。规模养殖大数据智慧监管系统以 Eclipse 和 MySQL 平台为基础开发，通过本系统的使用，各级畜牧兽医主管部门工作人员可实时查询管辖范围内规模养殖场数量、分布情况、养殖规模以及兽药使用情况信息，可有效提高监管效率。

（一）系统功能

规模养殖大数据智慧监管系统汇集规模养殖和兽药使用大数据，以可视化的形式为用户提供规模养殖场数量、分布情况、养殖规模以及兽药使用信息的地图展示、实时统计和多条件综合查询服务，可有效提高各级畜牧兽医主管部门的畜禽养殖监管效率。

（二）系统数据库设计

兽药养殖大数据智慧管理子系统数据库设计如图 8-15 所示。兽药养殖大数据智慧管理子系统数据库包括规模养殖场表、圈舍信息表、兽药使用记录表、畜禽免疫信息表、养殖场免疫信息统计表等。规模养殖场表包括养殖场编号、省编号、市编号、养殖场名称、养殖场类型、存栏量等字段。圈舍信息表包括圈舍号、畜禽编号、养殖场编号、养殖数量等字段。兽药使用记录表包含养殖场编号、畜禽编号、药品名称、生产企业批号、数量等字段。畜禽免疫信息表包括免疫剂量、生产日期、批号、生产企业、疫苗名称、圈舍号等字段。上述字段中需要存储文本信息的字段的类型均设置为文本类型，字段长度为 255。上述字段中需要存储数值信息的字段的类型均设置为双精度浮点型，以满足数据存储的需要。

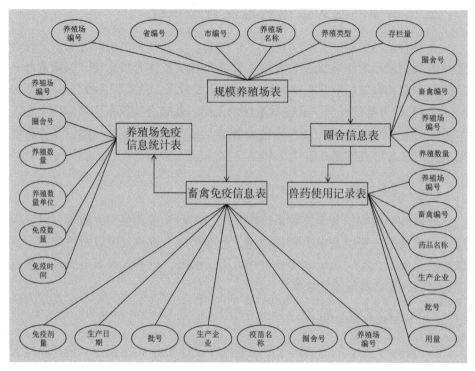

图 8-15　系统数据库 E-R 图

（三）使用说明

兽药规模养殖大数据智慧监管子系统具有登录、首页、规模养殖场分布、兽药购入、兽药库存、兽药使用共 6 个模块。兽药规模养殖场分布模块用于地区各类型规模养殖场分布情况及数量信息查询，兽药购入模块用于区域内规模养殖场的兽药购入信息的综合查询，兽药库存模块用于区域内规模养殖场的兽药库存信息的综合查询，兽药使用模块用于区域内规模养殖场的兽药使用信息的综合查询。

1. 系统登录

规模养殖大数据智慧监管系统登录页面如图 8-16 所示，用户通过输入用户名和密码，点击"登录"按钮的方式进入系统。

图 8-16　登录界面

2. 系统首页

系统首页展示地区所有规模养殖场数量、分布情况、养殖规模，以及兽药购入量和使用量。以北京市为例，地图显示各区县生猪、牛、羊和家禽养殖场的数量和分布情况，统计图分别展示各区县规模养殖场的数量、兽药购入量和使用量、全市猪牛羊和鸡鸭鹅等的养殖规模，如图 8-17 所示。

规模养殖情况分布图（GIS 图，页面中部）展示北京市各区县生猪、牛、羊和家禽养殖场的数量和分布情况，单击图上任意区县，可进入选中区县兽药经营企业分布详情页面。

规模养殖场分布统计图（左上）展示各区县规模养殖场数量占全市养殖场总数量的百分比，单击统计图右上方"》"图标，进入规模养殖场分布详细信息展示页面。

兽药购入量统计图（左下）展示各区县 3 种类型（中药、化药、生药）兽药购入量，单击统计图右上方"》"图标，进入兽药购入量详细信息展示页面。

养殖规模统计图（右上）分别展示当前区域猪、牛、羊等大牲畜和鸡、鸭、鹅等家禽的养殖规模，单击统计图右上方"》"图标，进入兽药购库存详细信息展示页面。

兽药使用统计图（右下）分类型（中药、化药、生药）展示 5 个代表性兽药生产企业的兽药使用情况，单击各统计图右上方"》"图标，显示兽药使用详细信息页面。

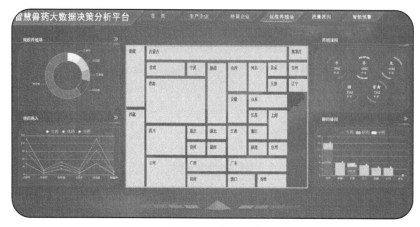

图 8-17　系统首页

3. 规模养殖场分布

兽药规模养殖场分布模块用于地区各类型规模养殖场分布情况及数量信息查询, 如图 8-18 所示。查询有 2 种方式, 第一种方式为地图选择查询, 第二种方式为指定条件精确查询。

地图选择查询: 地图缩放和点选的方式显示选择行政区域, 确定查询范围, 地图显示选择区域内下一级行政区划各类型规模养殖场分布情况 (单击图标查询养殖场类型和数量), 右上侧统计图同步显示各类型规模养殖场数量和养殖规模, 右下侧表格同步显示选择区域内各规模养殖场的详细信息。

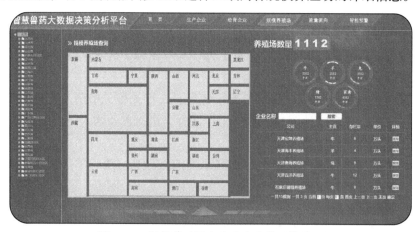

图 8-18　规模养殖场分布信息查询浏览界面

指定条件精确查询: 右上侧条件输入框中, 可通过选择查询区域、养殖类型或输入企业名称的方式实现多条件查询, 左侧地图同步显示选择区域内下一级行政区划各类型规模养殖场分布情况（单击图标查询养殖场类型和数量），同时，右上侧统计图显示各类型规模养殖场数量和养殖规模，右下侧表格显示选择区域内各规模养殖场的详细信息。

4. 兽药购入

兽药购入模块用于区域内规模养殖场的兽药购入信息的综合查询（默认为北京市全市的查询之日起前一个月的兽药购入信息），查询方式有地图选择和多条件指定综合查询 2 种，如图 8-19 所示。

行政区域选择查询：地图缩放和点选的方式显示选择行政区域，确定查询范围（省份），地图显示选择区域内下一级行政区划各类型规模养殖场分布情况（单击图标查询养殖场类型和数量），右上侧统计图同步显示各类型规模养殖场数量和养殖规模，右下侧表格同步显示选择区域内各规模养殖场的兽药购入信息。

指定条件精确查询：右上侧条件输入框中，可通过选择查询区域、养殖类型或输入企业名称的方式实现多条件查询，左侧地图同步显示选择区域内下一级行政区划各类型规模养殖场分布情况（单击图标查询养殖场类型和数量），同时，右上侧统计图显示各类型规模养殖场数量和养殖规模，右下侧表格显示选择区域内各规模养殖场的兽药购入信息。

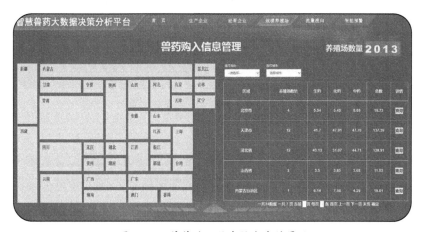

图 8-19　兽药购入信息综合查询界面

5. 兽药库存

兽药库存模块用于区域内规模养殖场的兽药库存信息的综合查询（默认为北京市全市的查询之日起前一个月的兽药库存信息），查询方式有地图选择和多条件指定综合查询 2 种，如图 8-20 所示。

行政区域选择查询：地图缩放和点选的方式显示选择行政区域，确定查询范围（省份），地图显示选择区域内下一级行政区划各类型规模养殖场分布情况（单击图标查询养殖场类型和数量），同时，右上侧统计图显示各区县各类型规模养殖场数量和兽药（生药、化药、中药）库存量，右下侧表格显示选择区域内各规模养殖场的兽药（生药、化药、中药）库存信息。

指定条件精确查询：右上侧条件输入框中，可通过选择查询区域、养殖类型或输入企业名称的方式实现多条件查询，左侧地图同步显示选择区域内下一级行政区划各类型规模养殖场分布情况（单击图标查询养殖场类型和数量），同时，右上侧统计图显示各区县各类型规模养殖场数量和兽药（生药、化药、中药）库存量，右下侧表格显示选择区域内各规模养殖场的兽药（生药、化药、中药）库存信息。

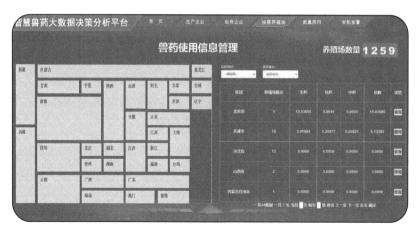

图 8-20　兽药库存信息综合查询界面

6. 兽药使用

兽药使用模块用于区域内规模养殖场的兽药使用信息的综合查询（默认为北京市全市的查询之日起前一个月的兽药使用信息），查询方式有地图选择和多条件指定综合查询 2 种，如图 8-21 所示。

行政区域选择查询：地图缩放和点选的方式显示选择行政区域，确定查询范围（省份），地图显示选择区域内下一级行政区划各类型规模养殖场分布情况（单击图标查询养殖场类型和数量），同时，右上侧统计图显示各区县猪牛羊和家禽的养殖规模和兽药（生药、化药、中药）的使用量，右下侧表格显示选择区域内各规模养殖场的兽药使用信息；

指定条件精确查询：右上侧条件输入框中，可通过选择查询区域、养殖类型或输入企业名称的方式实现多条件查询，左侧地图同步显示选择区域内下一级行政区划各类型规模养殖场分布情况（单击图标查询养殖场类型和数量），同时，右上侧统计图显示各区县猪牛羊和家禽的养殖规模和兽药（生药、化药、中药）的使用量，右下侧表格显示选择区域内各规模养殖场的兽药使用信息。

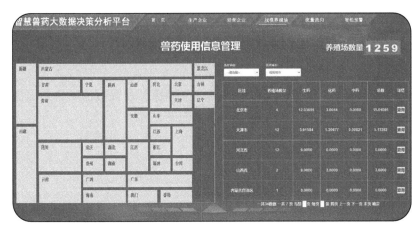

图 8-21　兽药使用信息综合查询界面

四、本章小结

兽药产业是促进养殖业健康发展的基础性产业，在保障动物源性食品安全和公共卫生安全等方面具有重要作用。近年来，我国兽药产业发展迅速，兽药生产、经营、使用企业数量稳步递增，同时，这为我国的监管工作带来了许多挑战[3]。针对此问题，我们开发了兽药大数据决策分析系统。兽药大数据决策分析系统分为 3 个子系统，分别是兽药生产大数据智慧管理子系统、兽药经营大数据智慧管理子系统、兽药养殖大数据智慧管理子系统。兽药生产大数据智慧管理子系统汇集国内兽药生产大数据，以可视化的形式为用户提供兽药生产企业分布及各企业产量、销量和库存量信息的实时统计、多条件综合查询等服务。兽药经营大数据智慧管理子系统主要是对国内的兽药经营信息进行管理、分析和可视化，供政府监管人员、科研人员、普通大众提供兽药经营第一手资料。兽药养殖大数据智慧管理子系统可以辅助各级畜牧兽医主管部门工作人员可实时查询管辖范围内规模养殖场数量、分布情况、养殖规模，以及兽药使用情况信息，可有效提高监管效率[4]。

参考文献

［1］郝毫刚，高录军，张积慧，等.基于兽药电子追溯的兽药大数据平台建设研究 [J].中国兽药杂志，2017，51（3）：4-10.

［2］高录军，刘玲，张积慧，等.兽药大数据平台的应用架构研究 [J].中国兽药杂志，2017，51（10）：62-67.

［3］钟攀，葛荣，杨文，等.农产品质量安全风险监测大数据分析策略与应用研究——以四川省质量安全风险监测为例 [J].农产品质量与安全，2015（4）：8-12.

［4］农业部兽医局.农业部兽药产品批准文号核发系统与国家兽药追溯系统实现对接 [J].湖北畜牧兽医，2015，37（9）：48.

第九章
运维管理与运行机制

运维管理是应用相关的技术、方法、工具等对平台基础设施进行后期综合管理的过程，保证平台数据、业务数据和业务的连续性[1]。本章从可靠性、性能、可扩展性、安全性以及成本节约等 5 个关键要素出发，构建了运维管理和运行机制，以提高运维的效率和质量。详细阐述了组织管理、网络安全管理、运维管理、运行机制和运行保障措施等内容，对平台的运维管理与运行机制进行了设计和表述。

一、组织管理

为了使本平台能正常运行，便于平台的管理和协调，使工作职责更加清晰明白，成立了专业运行管理小组，下设平台管理组、平台设计组、技术开发组、数据建模组、系统测试组、平台运维技术组等组成的运行管理控制组织体系。

1. 平台管理组

负责平台的整体协调工作、项目业务对接；组织各方统一制定项目管理计划；组织总体实施方案评审，组织测试验收；负责平台进度计划与成本控制；协调解决平台运行过程中出现的各种问题。

2. 平台设计组

制定平台需求调研分析计划；开展需求调研、需求分析；编写需求规格说明书；完成系统概要设计、详细设计、原型设计和效果图设计。

3. 技术开发组

根据项目具体要求，承担开发任务，按计划完成任务目标；负责系统设计、程序编码和运行调试；完成软件系统及模块的编码；负责编制与项目相关的技术文档。

4. 数据建模组

负责数据处理、数据分析、模型构建、模型测试；负责数据分析结果的应用解读；负责编制与平台相关的数据技术文档。

5. 系统测试组

负责组织设备供货验收、软件安装调试；编制系统测试方案；对平台进行验证与确认，确保系统满足用户需求与设计要求；编写系统操作手册。

6. 平台运维技术组

由网络人员、运维人员、系统培训、运营服务、试点推广、后勤支持等人员组成平台运行维护组，项目运维技术小组具体负责应用运行以及应用上线后的运维技术支持，如提供数据支撑、系统维护及故障处理等。平台运行服务小组则负责系统内容运行、服务、试点推广及系统应用培训等。

二、网络安全管理

按照网络 OSI 七层模型标准要求，网络安全贯穿于整个七层模型。针对网络系统实际运行的 TCP/IP 协议，网络安全贯穿于信息系统平台的以下层次。一是物理层安全。主要防止物理通路的损坏、物理通路的窃听、对物理通路的攻击或干扰等。二是链路层安全。需要保证网络链路传送的数据不被窃听，主要采用划分 VLAN、加密通信或远程网等手段。三是网络层安全。需要保证网络只给授权的用户使用授权的服务，保证网络路由正确，避免被拦截或监听。四是操作系统安全。保证客户资料、操作系统访问控制的安全，同时能够对该操作系统的应用进行审计。五是应用平台安全。应用平台建立在网络系统上的应用软件服务器，如数据服务器、电子邮件服务器、Web 服务器等，通常采用多种技术来增强应用平台的安全系统。六是应用系统安全。使用应用平台提供的安全服务来保证基本安全，如通过通讯双方的认证、审计等手段[2]。

兽药全过程大数据智慧管理平台按照 OSI 七层模型要求，建立对特等网段、服务的访问控制体系，检查安全漏洞，建立入侵性攻击监控体系，主动进行加密通讯，建立良好的认证体系，进行良好的备份和恢复机制，进行多层防御，隐藏内部信息并建立安全监控中心等。

在网络安全管理方面，启用主机访问策略控制；远程访问时，建立双向身份验证机制；并且要求云计算管理用户权限分离，为网络管理员、系统管理员建立不同账户并分配相应的权限。针对用户行为控制，如计算机接口与硬件、移动存储设备、输出设备、非法外联、用户行为监控等问题，采用禁用外设、外连接发现与切断技术手段，可以灵活地监控涉密计算机外设、用户行为等情况，自动切断非法外联并及时报警，对受控计算机的各种操作行为进行监控和记录，及时发现违规行为。实现 Web 应用防护、数据库安全监测、数据安全加密、数据库安全审计，保障兽药大数据平台应用与数据安全，更好地保障网络上承载的业务，在保证安全的同时，还要保障业务的正常运行和运行效率[3]。

在物理网络安全防护方面。合理评估系统的安全等级，按照国家相关安全等级保护要求进行安全保障体系的建设，确保系统运行过程中的物理安全、网络安全、数据安全、应用安全、访问安全。按照国家有关要求，结合网络安全技术的发展，对现有网络安全防护体系进行升级优化，对老旧设备进行更换，增加新的安全管理系统与安全设备，主要包括防火墙、Web 防火墙、安全负载均衡设备、防毒墙、入侵检测系统、数据库审计系统、漏洞扫描系统、网络防病毒系统、内控运维管理系统、安全管理平台 SOC、证书管理系统、NTP 时钟同步设备、DWDM 设备、安全加固等[4]。

在 Web 应用安全防护方面。提供 Web 应用攻击防护能力，通过多种机制的分析检测，有效阻断针对兽药大数据 Web 应用的攻击，保证 Web 应用合法流量的正常传输，这对于保障业务系统的运行连续性和完整性有着极为重要的意义。同时，针对当前的热点问题，如 SQL 注入攻击、网页篡改、网页挂马等，能够按照安全事件发生的时序考虑问题，优化最佳安全 – 成本平衡点，有效降低安全风险。

在数据安全监测方面。对兽药大数据平台结构化与非结构化数据的存储、访问、传输等行为进行实时监测，对相关设备日志进行关联分析，及时发现针对兽药大数据的网络攻击行为，对兽药大数据安全威胁进行追踪溯源、风险预警，并对流出的兽药大数据相关敏感数据进行告警等。

在数据安全加密方面。实现对兽药大数据平台重要数据的加密存储，对敏感信息进行脱敏处理，防止不法分子对数据的非法入侵和内部管理人员的违规访问，为数据的集中统一存储、管理提供安全保障。

在数据库安全防护方面。针对来自外部的入侵行为，提供防 SQL 注入禁止和数据库虚拟补丁包功能；通过虚拟补丁包，数据库系统不用升级、打补丁，即可完成对主要数据库漏洞的防控。通过 SQL 协议分析，根据预定义的禁止和许可策略让合法的 SQL 操作通过，阻断非法违规操作，形成数据库的外围防御圈，实现 SQL 危险操作的主动预防。实现数据库操作行为审计、事件追踪、威胁分析、实时告警等多种功能，保障核心数据的安全，提供稳定可靠的数据库审计服务。

在网络安全运维保障体系方面。将整个网络变得更加简单，简单的网络结构便于设计安全防护体系。网络安全防护统筹考虑物理、网络、主机、应用等各个层面，综合运用身份鉴别、访问控制、检测审计、链路冗余、内容检测等各种安全功能实现立体协防。在核心交换机上通过引流方式对访问流量进行安全处置，对兽药大数据平台及相关业务系统进行统一安全防护，确保安全防护符合等级保护第三级（新）基本要求及测评要求。针对分布式体系架构的节点分布较广、运维管理相对复杂的特点，参照 ITIL 的管理规范进行整个体系的运维管理机制建设，并配合覆盖整个体系的运维管理监控系统，对体系的硬件、网络、数据、应用及服务的运行状况进行实时、综合监控，及时发现和预见问题，并按照相应的流程及时处置，保证体系持久稳定运行。

三、运维管理

为确保兽药全过程大数据智慧平台正常工作，优化日常运行状况检测流程，细化操作规范细则，对其设备、操作系统、数据库、中间件、平台安全、突发事件应急进行运维管理，确保平台的安全运行。

1. 设备日常运行状况的检测

对安全设备的日常运行状态进行监控，对安全设备进行日志检查和重点事件的记录。保证网络的实时连通和可用，保障接入交换机、汇聚交换机和核心交换机的正常运转。现场值守的技术人员每天记录网络交换机的端口，检查网络的转发和路由是否正常，进行交换机的性能检测，进行整体网络性能评估，针对网络的利用率进行优化。对设备的运行数据（配置数据、性能数据、故障数据）进行记录，形成报表进行统计分析，便于网络系统的分析和故障的提前预知。

2. 主机、存储系统运维管理

确保主机、存储设备运行正常，对其运行状况进行监控、故障处理、操作系统维护、补丁升级等内容，包括：CPU 性能管理、内容使用情况管理、硬盘利用情况管理、系统进程管理、主机性能管理，实时监控主机电源、风扇的使用情况及主机机箱内部温度，监控主机硬盘运行状态、网卡磁盘阵列等硬件状态、主机 HA 运行状况；进行主机系统文件系统管理，监控存储交换机设备状态、端口状态、传输速度，监控备份服务进程、备份情况，监控记录磁盘阵列、固态硬盘等存储硬件故障提示和预警。

3. 数据库系统运维管理

开展主动数据库性能管理，了解数据库的日常运行状态，识别数据库的性能问题和出处，有针对性优化，主动预防问题的发生。快速发现、诊断和解决性能问题，维护高效的应用系统。对数据丢失、安全漏洞、系统崩溃、性能降低及资源紧张等潜在风险进行检测，检查分析系统日志及跟踪文件，发现并排除数据库系统错误隐患；检查数据库系统是否需要应用最新的补丁集，检查数据库空间的使用情况，规划数据库空间管理，检查数据库备份的完整性；监控数据库性能，确认系统的资源需求，改善系统环境的稳定性，修改并调整 Oracle 数据库的参数设置和数据分布。

4. 中间件运维管理

对 BEA WebLogic、MQ 等中间件进行日常维护管理和监控，提高对中间件平台事件的分析解决能力，确保中间件平台持续稳定运行，包括配置信息管理、故障监控、性能监控。在执行线程方面，监控 WebLogic 配置执行线程的空闲数量。在 JVM 内存方面，确保 JVM 内存曲线正常，能够及时回收内存空间。在 JDBC 连接池方面，其初始容量和最大容量应该设置为相等，并且至少等于执行线程的数量，以避免在运行过程中创建数据库连接所带来的性能消耗。

5.平台安全运维管理

持续、统一的安全管理是运维阶段的重要环节，威胁发现、持续性内外部态势感知、分析溯源和安全运维是提升管理能力的有效方法。对设备、网络进行实时监控，发生变更及时告警；对系统的权限、配置、日志进行有效管理；基于威胁情报及时发现高级持续性威胁，对规则与数据流能够自动关联分析，及时发现安全风险；持续监控内部动态安全风险，关联服务、漏洞、威胁、资产的状态；持续监控外部开放的服务和端口，感知外部攻击；提供可视化的分析界面，能够基于快速搜索技术进行关联分析，发现安全攻击和隐患；持续优化网络安全策略，阻断外部网络攻击事件和恶意外连行为。

6.突发事件应急管理

平台运维应急管理是对中断或严重影响业务的故障，如死机、数据丢失、业务中断等，进行快速响应和处理，在最短时间内恢复业务系统，将损失降至最低。在系统平台维护过程中，突发事件的出现是不可避免的，针对此情况，设计了应急策略。平台巡检人员要定期检查各个硬件设备的运转情况和应用软件运行情况，同时做好日常的数据备份和定期全备份。对发现的问题，要分析问题根源，确定解决方案和解决措施，避免造成更大的影响。针对硬件损坏情况，在磁盘数据未丢失情况下，保证数据安全性，替换相关硬件。针对操作失误情况，加强培训力度，提示注意事项，对于造成数据丢失情况，需要及时补救。针对配置丢失情况，培训强调配置方法和步骤，并提示按要求操作。针对数据丢失情况，进行及时补救，如无法补救，需从备份数据库系统中重新调取并更新数据[5]。

四、运行机制

项目主体内容由专业团队负责运行管理。配备专职人员，建立相应的规章制度，加强管理，保证在建设期及建成后的系统稳定运行，发挥投资效益。

建立岗位责任制，实施绩效考核制度。建立完善的信息技术队伍资源体系，强化培训工作，充分利用社会资源，为兽药数字化监管提供人力保障；落实责任，强化监督检查；建立和完善激励机制，细化量化指标，制定奖惩措施。

建立工作协调机制。加强组织领导，明确责任分工，各司其职，密切配合，通力合作，实施动态管理，强化服务指导，及时解决实施中遇到的各种矛盾和问题。确保平台能够建得成、用得好、有效益，更好地发挥示范引领作用，促进数字技术与兽药行业发展深度融合，充分发挥数据基础资源和创新引擎作用，助推兽药及畜禽现代化发展。

引入第三方评价机制。兽药全过程大数据智慧平台制定了切实可行的实施方案，并引入第三方机制对项目进行评审、验收和审计。

聘用专家顾问组制度。本平台实行聘请专家顾问组制度，聘请信息领域、兽药领域、畜牧领域等专家作为项目专家顾问组成员，为工程项目建设中的重大问题提供咨询，根据需要对重要的技术方案做进一步论证，不仅要考虑技术上的先进性和经济上的合理性，而且要考虑后果的无害性和现实的可行性，提出具体意见和建议，供项目管理小组和实施小组决策参考。

试点维护与示范机制。项目建成后，大数据应用工作应由技术中心负责，以数据处理中心为支撑，项目管理中心为执行机构，安排专人负责。应与兽药相关科学研究部门、兽药生产经营产业科研技术部门等科研单位、实验站建立长期的、稳定的合作关系，建立明确可操作性的平台运行维护方案。信息化管理人员在上岗前应进行集中培训，依托科研单位、大学等机构力量，每年培训12次，确保平台的运行效果，为兽药全产业链大数据智慧管理平台的运行控制和精细化管理提供基础信息支撑，实现数据资源共享共用的目标。全力组织协调和推广，多媒体、多渠道、多形式广泛宣传兽药全产业链大数据智慧管理平台，树立样板，共同推进平台的示范应用。

平台培训机制。加强平台运行维护组成员的岗前培训及示范建设试点单位的用户培训。培训采用集中培训、现场培训、远程培训、自我培训及其他培训方式相结合的方法，利用多种形式的培训教材，对不同单位、不同层面的用户群体（管理和业务人员、技术人员）提供具有针对性的培训。对项目运行维护组的管理和业务人员，主要提供开发系统的应用培训，实现兽药全产业链的运行控制和精细化管理；对技术人员，提供开发系统的维护培训，包括软件调试的实际操作、故障处理培训及软件安装、使用和应注意的事项等实例培训。每年由运行维护组组织原联盟示范建设试点企业及新增试点企业的技术人员进行用户培训，确保试点项目的示范效果。

五、运行保障措施

兽药全产业链大数据智慧管理平台的建设和运行，不仅仅是兽药产业流通体系现代化智慧化的要求，更是我国兽药产业得以持续健康发展的技术支撑，需不断完善组织管理体系，加强平台保障措施。

1. 组织保障

以建立兽药全生态服务体系为目标，组建兽药全产业链大数据平台研发和管理团队。搭建一个为兽药产业链参与主体提供监测、管理、预测、分析、预警等综合集成服务的平台，整合兽药产业链商流、信息流。

2. 资金保障

资金保障对于兽药全产业链大数据系统的开发建设及运维工作至为关键。为保证项目建设的按期完成及兽药全产业链大数据系统的顺利运营，制定了严格的项目资金管理办法，在项目实施过程中严格遵守，且实行资金专款专用，独立建账；同时综合使用多种资金筹措方式，保障建设及运行期间的资金需求。

3. 技术保障

本平台涉及兽药产业大数据集群研发（包括生产、仓储、交易、物流等全产业链多个服务系统及子系统），技术支撑是关键。充分借助本平台各参与建设单位的互联网高新技术和 IT 行业人才优势，引进、培训一批专业技术人才，组建了兽药全产业链大数据智慧管理平台的技术团队；聘请科研院所、高等院校、兽药企业、畜牧养殖场等多位专家顾问，咨询技术难题，满足对兽药产业数字农业建设的技术支撑；必要时，合作购买技术服务以保障关键性核心技术。全力保障项目建设及运维技术的先进性，优化大数据建设项目完成质量，确保平台使用的长久性。

六、本章小结

为确保兽药全过程大数据智慧管理平台的信息安全和正常运行，需要加强平台的安全管理体系化和平台化，不断完善内部监控和管理，推动信息安全与运维管理、运行机制、运行保障措施相结合。本章详细介绍了兽药全过程大数据智慧管理平台的组织管理、网络安全管理、运维管理、运行机制以及运行保障措施等内容，通过不同的管理与措施相辅相成，促进平台长期的正常运行和安全维护。

参考文献

［1］张晓东.浅谈信息安全管理在运维服务中的重要性［J］.科技创新导报，
2014，11（7）：176-176.

［2］褚宗饶.医院信息平台运维管理系统需求分析与设计［J］.医学信息学杂
志，2015（9）：42-46.

［3］刘燕文.云平台运维管理探析［J］.经营管理者，2018（28）：287.

［4］杨小晔，IT运维管理平台的设计与实现［D］.北京：北京邮电大学.

［5］田建荣.基于J2EE架构的山东检验检疫电子业务平台运维管理控制系统
的研究与建设［D］.青岛：中国海洋大学.

第十章 10
平台优势与展望

兽药全过程大数据智慧管理平台以兽药最小销售单元标识信息为基础，应用物联网、大数据、云平台等现代信息技术，融合兽药 HACCP 和 GMP 等生产流通规范，研制兽药生产、流通、使用环节关键点信息感知技术与设备，及时监测与收集兽药全过程动态信息，形成了贯穿全产业链的数据链，并构建了集兽药追溯、兽药监管、数据分析、三维展示于一体的综合服务平台，实现了兽药生产、运输、仓储、销售及流通等全过程信息的综合查询、多维检索、追溯跟踪、过程管理、统计分析、决策支持和模型预测，为兽药的智慧监管提供技术支持。

一、平台优势

1.确定了兽药全过程跟踪与追溯关键环节及其指标

平台筛选出影响兽药质量的生产、流通、使用关键环节，明确了兽药各个环节存在的风险因子及其危害程度，建立兽药生产流通、使用过程的风险因子指标体系，以最大程度杜绝安全隐患、降低兽药质量风险。研建了兽药生产环节控制点的关键限值表，明确其合理波动范围，并划分控制等级，为实现自动感知与智能控制提供操作节点。依据CCP决策树对兽药生产过程的风险因子分析，综合运用层次分析法，构造风险因子危害程度判断矩阵，结合专家打分计算兽药生产关键点危害程度指标权重，划分出兽药生产流程关键控制点和一般控制点。确定了关键控制点的关键限值及监测频率，研建兽药生产环节控制点的关键限值表，明确其合理波动范围，并划分控制等级。采集并抽取关键控制点不同监测频率的监测数据，综合比较分析关键控制点的危害等级、发生频率、紧急程度、监测难度、监测成本等相关因素，制定关键控制点的监测频率指南，为关键控制点的科学合理监测提供依据。从兽用生物制品在运输过程中的环境条件出发，基于确保兽用动物制品质量视角，着手研究不同温度、湿度、光照、气压等环境因子对兽用生物制品的影响，划分兽用生物制品环境适应等级，制定相应运输环境因子控制标准。

2.创新了兽药全过程动态感知技术

筛选关键控制点的传感器，基于兽药生产过程的风险因子指标体系，测试温度、湿度、压力、粉尘等不同传感器在生产厂房、设备、仓储设施、管道等不同应用环境条件下的性能指标，如：准确度、精确度、免维护工作时长、使用寿命等，筛选能够满足关键控制点感知需求的多种传感器。研发了关键控制点的感知设备，开发关键控制点的感知设备，实现对关键控制点的动态实时监测。研究感知节点的仿真模拟，针对不同兽药厂的地理位置、气候条件、厂房布局以及仪器设备摆放情况，仿真与测试兽药生产环境感知节点，形成最佳布局方案，实现关键区域生产信息的全网络覆盖和无缝衔接。研发了兽用生物制品冷链运输实时感知技术，研制适合兽药冷链运输的实时监测装置，结合无线传输技术和GPS定位技术，提出兽药冷链运输环境监控、实时定位、无线传输于一体的物联网技术解决方案，实现兽药运输轨迹与环境信息的正向追踪，探索兽药在运输车厢内不同时间和空间的环境分布规律，构建兽药运输立体监测控制模型，实现兽用生物制品运输过程的环境最优控制。

3. 提出了兽药全程可追溯技术体系

根据"一药一码，全程追溯"思路，以兽药最小单元个体追溯标识为主线，结合流通环节关键信息采集目录，建立了兽药追溯标识与流通过程环节关键信息映射关系，形成了基于兽药最小单元的追溯关联模型，实现了兽药流通过程信息的正序查询及反序追溯，确保兽药的信息流与实物流同步。构建猪牛羊标识与兽药标识的"一对一"关联匹配模型，最终形成大牲畜接受兽药的时间、地点、名称、兽药标识编码等匹配信息表，实现兽药与大牲畜的关联匹配。针对兽药产业的全过程、全要素和全系统，从原料进厂入手，设计兽药最小销售单元追溯编码及水印加密技术，建立兽药大数据的多源异构数据字典，研发相关物联网技术装备，动态实时感知生产、流通等环节的关键信息，通过兽药物流包装标识聚合拆分转换模型，结合猪牛羊 RFID 标识码及禽蜂群体特征标识码，形成兽药全过程的信息链条，集成创新兽药全程可追溯、可溯源、可监管的技术体系。

4. 创新了兽药海量数据存储与并行计算处理架构技术

兽药大数据既包括兽药研发、生产、经营与监管等业务数据，也包括养殖、屠宰、质检、防疫、饲料、农作物等相关数据，以及网络热点信息。既有结构化数据、半结构化数据，也有非结构化数据；既有静态历史数据，也有动态即时数据；既有空间分布数据，也有时间序列数据。针对兽药的生产、经营、使用等全过程信息环节，在兽药生产、流通与使用过程智能感知设备获取数据基础上，以兽药生命周期为主线，结合畜牧养殖、饲料生产、牲畜屠宰以及网络热点等配套信息，设计兽药全过程监测信息汇聚策略，形成贯穿兽药全链条的综合数据资源池。构建兽药多源异构数据处理模型，实现数据的标准化与归一化，提高数据的质量。以数据仓库作为基础，分别以数据的时间维、空间维、属性维为子集，形成多维数据虚拟空间，应用 OLAP 多维联机处理理论，搭建一个面向对象的兽药多维数据模型，以实现高维汇总矩阵和低维细节关系的数据展示。应用分布式数据存储方法与并行计算理论，设计数据存储集群技术和兽药海量数据的处理技术架构，研创具有海量数据、多源异构、全产业链特性的兽药大数据构建技术，实现兽药管理全过程追溯动态信息资源的快速提取与计算。

5. 建立了基于兽药大数据的动物疫病分析预测模型

鉴于禽流感、口蹄疫、猪瘟、新城疫等动物疫病的种类多样、危害严重、常见多发特点，针对各种畜禽的不同流行性疫病，借助兽药流量流向大数据，结合其暴发的危害性、扩散速度和流行性特点，研究动物疫病发生、流行和暴发规律，建立动物流行病知识库。分析了不同种类兽药流量流向与特定动物疫病暴发相关关系，基于动物疫病发生、流行和暴发规律，建立了兽药用量与动物疫病关联模型，动态绘制动物疫病暴发现状及演化模式空间分布图，结合动物疫病暴发历史数据、兽药流量流向、养殖环境与饲养方式等时空数据，应用 BP、机器学习和统计等大数据分析挖掘技术并集成创新，研建基于兽药大数据的动物疫病分析预测模型，实现疫病暴发源头和警情的早期精准预警，做到动物疫病的早预警、早防治。加强了系统的互联互通、实现兽药生产、经营、使用环节全过程追溯和提高兽药监管信息利用效率，有效提升了兽药生产营销企业的质量意识、诚信意识和责任意识，严厉打击假劣兽药产品，确保兽药产品质量、畜牧业健康发展和畜产品质量安全。

6. 构建了兽药数据交互及动态提取系统

兽药数据交互及动态提取是兽药信息有效监管的核心，以基于云平台的兽药管理信息综合服务系统架构为支撑，基于 JavaEE 平台，研发 B/S 模式的兽药数据交互及动态提取系统。研究了数据交互及转换机制，基于 XML 技术建立多源异构兽药大数据转换方法，应用 SDO 数据服务对象研建统一规范的数据接口，采用请求应答机制设计分布式数据交互机制，实现了兽药大数据的动态交互，并与国家兽药基础信息查询系统、国家兽药产品追溯系统和兽药审批文号远程申报系统等现有系统实时对接。构建了基于权限分类的动态数据提取模型，针对兽药全过程的不同用户主体，结合使用目的与权责，制定用户权限划定标准，基于最优搜索理论，构建基于权限分类的动态数据提取模型，对国家及各省、市、县级监管部门、生产企业、经营企业和普通用户采取分层设计、分层赋权原则，确保兽药质量可监控，过程可追溯，政府可监管。研究了兽药多维数据分析技术，以 Microsoft SQL Analysis Services 数据挖掘服务为支撑，研究多维数据立方体构建方法，结合 MapReduce 并行计算框架，研建多维数据关联索引模型，实现兽药生产、流通和使用全过程信息的综合查询、多维检索、追溯跟踪、过程管理和统计分析。

7. 创建了兽药流量流向可视化展示技术

基于 JavaEE 平台，研发 B/S 模式的兽药时空分布模拟仿真与三维展示系统，为兽药监管部门提供统计分析和数据挖掘结果，提高宏观决策能力，加强监管效力和服务能力。应用 ArcGIS ArcEngine 二次开发平台的图层控制组件接口，以兽药流量流向时空分布为主体，结合应用信息管理技术、数据库技术、计算机编程技术等，研发基于 ArcGIS 的兽药时空分布模拟仿真组件。针对兽药流量流向数据多源多尺度属性，基于兽药大数据中心整合集成的时空数据资源，将兽药实际产销状况转换为兽药流量流向数据，构建不同时空粒度的可视化展示模型，应用 ArcGIS 二次研发平台，综合运用组件式开发、嵌入式开发等技术，创新模块化开发和应用，实现兽药流量流向与 GIS 的深度耦合和情景模拟，动态绘制兽药时空变化格局一张图，并三维可视化展示兽药时空演化特征。因此，本平台综合运用了畜牧兽医学、信息学、地理学和统计学的相关知识，具有明显的学科交叉特点。

二、解决问题

1. 解决兽药全程可追溯问题

针对兽药在生产、流通和使用全过程中，数据碎片化、孤岛化以及不连贯问题，基于"一药一码、一畜一码，一一对应，全程溯源"理念，如何运用物联网技术与装备、移动终端设备等现代信息技术手段，以信息流反映兽药全过程物质流，满足兽药生产者、兽药经营者、兽药监管者以及畜禽养殖者对兽药全过程关键信息的即时需要，实现兽药的正向追踪和反向溯源。

2. 解决兽药智慧监管问题

我国目前行业监管普遍存在的事后监管以及监管滞后等问题，往往一出事才监管，产生不良后果。如何运用现代感知技术、大数据分析技术和可视化展示技术，实时感知兽药全过程的动态信息，通过分析预测模型的智能报警机制，自动预报警情的危害与等级，以便及早采取应对措施，推动兽药由传统监管向智慧监管转变，实现兽药监管的事前预警、事中控制，将监管关口前置，做到早预警、早防范、早控制。

3. 解决兽药大数据的创新应用问题

针对兽药环节数据分散、实时数据不足、应用能力较弱等问题，如何构建兽药大数据并创新应用，研究兽药大数据的采集、存储、处理、分析及应用等关键技术，应用 GIS 空间分析技术，探索某种兽药的流量流向与区域畜禽饲养量、特定动物疫病暴发的相关关系并构建分析模型，研判畜产品中兽药残留风险、动物疫病暴发趋势，挖掘兽药大数据中蕴含的特征、规律和知识，全面提升兽药大数据创新应用能力。

三、应用前景

本平台囊括了兽药生产、流通、使用的各环节、各过程、各领域，是兽药全过程、全要素、全系统的跟踪和监管，综合运用了物联网、大数据、云计算、移动互联等现代信息技术，平台的建设与应用对于兽药管理者、生产者、经营者和消费者具有重要的应用价值和指导意义，将产生巨大的经济效益、社会效益和生态效益，将会大力推动兽药标准化生产、规范化经营、精准化使用和智慧化监管，将有力地提高我国兽药信息化发展水平，因此，该平台具有广阔的应用前景。

通过本平台的运行和应用，可以实现从生产出厂、流通、运输、储存直至配送养殖企业全过程在执法监控之下，更好地追踪溯源，提高消费者放心度与消费忠诚度。可遏制假冒伪劣产品上市和防串货的作用，净化兽药市场，维护正常经营秩序，保障动物用药安全，严厉打击违法生产经营行为，促进兽药行业的健康发展，确保兽药产品安全有效，对于稳定畜牧业发展、保障养殖安全、食品质量安全、维护社会稳定均具有重大的作用和影响。二维码的追溯应用，使产品有了一个唯一的"身份证"，以"一药一码"的形式增加造假成本，并达到防伪目的，使产品更加安全有保障。为畜牧业生产预警提供可靠依据，可以通过及时统计分析某一兽药品种的生产销售状态出现异常，预警某一动物疫病的发生和流行变化情况，预警某一动物及其动物产品的价格和供求变化，经济效益显著。

针对不同市场主体，本平台均具有重要的应用价值。对于兽药生产者来讲，通过该平台的应用，可以加强生产的过程管理，提升生产过程的标准化水平，确保兽药生产质量，减少不必要的损失；对于兽药经营者来讲，通过该平台的建设和应用，可以确保经营兽药质量，合理布局仓储、运输、出库等环节，提高经营者的管理水平和盈利水平；对于兽药使用者来讲，通过该平台的应用，可以获取兽药生产的真实信息，预防使用假冒伪劣兽药，提高安全用药水平，从而保障畜产品的质量安全；对于畜产品消费者来讲，通过本平台的实施，可以溯源畜产品生产的全过程，增加消费信心，确保消费者舌尖上的安全；对于兽药管理者来讲，通过该平台的推广应用，可以加强兽药监管的精准化和智慧化，预防兽药残留风险以及动物疫病暴发风险，做到早发现、早预警、早防控；对于相关产业来讲，通过该平台的应用，可以产生较大的借鉴意义和辐射带动效应，如：饲料、化肥、种子农资等投入品，以及农产品质量安全追溯体系建设等。因此，该平台应用前景广阔。

该平台的应用，可加强兽药从生产源头到使用全过程的溯源与有效监管，提升动物用药安全和畜产品质量安全保障水平。通过及时统计分析兽药品种的生产销售异常状态，预警动物及产品的价格和供求变化，具有显著的经济效益和社会效益。

四、改进措施

兽药全过程大数据智慧管理平台的建立与完善不是一蹴而就，需要在实践中不断健全与完善，根据当前兽药质量安全实践情况建立完善相关法律法规，为兽药质量安全可追溯体系的落实提供必要的法律支持；同时要加大对兽药质量安全可追溯体系的宣传，让从业人员和社会民众对该体系有充分的了解，以便取得他们的支持，从而形成良好的实施氛围[1]。兽药质量安全可追溯体系建立与完善更需要各个部门的支持与配合，形成兽药管理部门、市场管理、检验检疫机构等不同监管部门的良好沟通协调机制，及时有效对养殖、畜产品加工、兽药生产企业等领域内的兽药质量安全进行监管，消灭区域监管空白地，做到全程无缝对接。加大对兽药违法行为查处力度，对生产、销售及使用假冒伪劣兽药的不法行为进行严厉打击，并实施较为严厉的处罚，起到"打击一起，震慑一片"的作用，从而为兽药质量安全大数据平台建立与完善提供一个良好的社会基础。

1. 加强不同兽药系统平台的互联互通

进一步完善国家兽药追溯系统与地方经营企业系统的对接，推进国家兽药基础数据平台与进销存系统的横向协同，逐步实现兽药监管信息互联互通、开放共享，形成以国家系统为中心、各省各地分系统联动的网络系统，是促进信息共享、实现兽药产品全过程追溯的关键[2]。

2. 加强生产环节的物联网技术应用

筛选兽药生产全过程中影响兽药产品质量的关键环节，应用物联网技术，构建兽药生产关键环节信息实时动态感知网络，结合生产操作视频分析，实现兽药生产过程信息实时动态监测，是加强兽药产品质量监管的有效方式[3, 4]。

3. 加强兽药使用环节的有效监管

建立畜禽唯一标识和栋舍群体标识与使用的兽药标识"一对一"关联匹配，基于远程红外摄像机构建兽药使用视频监测网络，对休药期与禁药期畜禽进行全方位视频监控，加强兽药使用阶段有效监管力度，是实现兽药残留超标问题快速追责的有效手段。

4. 提高兽药监测数据的利用率

应用大数据分析与挖掘技术快速有效地进行多源异构海量数据的信息集成和加工处理，提取高于各业务系统的有价值高层决策信息，结合 GIS 空间分析技术，展示兽药时空分布格局和全产业链信息动态流动过程，基于畜产品兽药残留与兽药流量流向的相关关系，研判某种特定兽药在畜产品中的残留风险，进行畜产品质量安全和动物疫病分析预测，从而实现兽药信息的充分利用，是兽药监管信息化的重要研究方向。

五、趋势展望

兽药监管信息化显著提高了兽药监管效率。农业农村部高度重视兽药风险管控，全面实施兽药追溯管理。2019 年 6 月，农业农村部发布第 174 号公告，进一步规范兽药生产企业追溯数据，对兽药经营活动全面实施追溯管理，在养殖场组织开展兽药使用追溯试点。2020 年 1 月，农业农村部、中央网信办联合印发《数字农业农村发展规划（2019—2025）》，构建"一场（企）一码、一畜（禽）一标"动态数据库，推进养殖场（屠宰、饲料、兽药企业等）数据直联直报。5G、物联网、大数据、云计算、人工智能和区块链等新技术与兽药智慧监管深度融合，创新兽药追溯体系建设，造就"来源可查、去向可追、流通可控、真伪可辨"的兽药质量安全监管新格局，是兽药监管未来发展的必然趋势。

1. 新型信息技术与兽药管理进一步融合发展

5G 作为新一代移动通信技术，凭借其高速率、低延时和海量接入等特性，为兽药全过程信息实时动态获取提供信息通信保障。而区块链作为新一代互联网，其去中心化、交易信息隐私保护、历史记录防篡改、可追溯等特性，能有效确保兽药追溯信息公开透明、不可篡改。"5G+ 区块链"助力兽药全过程各环节信息化监管，实现兽药生产、经营、使用全过程追溯，可有效提高兽药监管信息利用效率、提升兽药生产营销企业的质量意识、诚信意识和责任意识，严厉打击假劣兽药产品，确保兽药产品质量、畜牧业健康发展和畜产品质量安全，是未来发展的重要方向。

2. 兽药大数据的创新应用更加广泛

我国兽药监管在审批、生产过程文件管理、流通、监督检验和产品追溯等环节均一定程度实现了信息化，但各环节数据分散、实时数据不足、应用能力较弱等问题依然严峻。结合 GIS 空间分析、大数据挖掘和智能分析技术，探索畜产品兽药残留与兽药流量流向的相关关系，构建基于兽药大数据的畜产品质量安全分析预测模型，研判某种特定兽药在畜产品中的残留风险。分析不同种类兽药流量流向与特定动物疫病暴发的相关关系，结合动物疫病暴发历史数据、兽药流量流向历史数据和养殖区域、规模、饲养环境、气候条件、气象变化和饲养方式等时空大数据，基于事例推理、决策树、规则推理、人工神经网络等数据挖掘理论，构建基于兽药大数据的动物疫病分析预测模型，实现动物疫病的早预警、早防治。深化大数据创新应用，挖掘兽药大数据中蕴含的特征、规律和知识，全面提升兽药大数据创新应用能力，是未来发展的必然趋势[5]。

3. 兽药监管关键技术和产品研发速度加快

兽药监管信息化是提高兽药监管效率，保障兽药产品质量的有效途径。以问题和需求为导向，从兽药生产、流通、使用等各环节出发，为兽药监管信息化技术和设备研制提供需求与方向。针对兽药监管信息化的共性、关键技术问题，开展兽药产销全过程的审批、生产、流通、监督检验和追溯环节的信息化建设的基础研究和应用基础研究，重点研究加强系统互联互通、兽药全过程信息实时动态获取等技术，加速兽药智慧监管、全过程追溯和大数据创新应用的关键技术和产品研发；构建包括理论方法、关键技术及产品装备在内的兽药监管信息化体系，从根本上推进我国兽药监管信息化进程，确保兽药信息真实、可追溯，规范兽药生产、经营和使用，保障动物产品质量安全，是未来发展首先要解决的根本问题。

4. 兽药监管与畜产品质量安全追溯结合更加紧密

随着生活水平的不断提高，消费者对绿色食品的需求日益增加。作为畜牧养殖的投入品之一，兽药质量及其合理使用对畜产品质量安全至关重要。加强兽药质量安全监管、全面掌握兽药使用情况、建立畜产品质量安全追溯体系，从事畜产品生产、收购、储存、运输的生产者和经营者，真实全面记录畜产品生产、经营全过程的农事操作和质量控制情况及产品销售对象；畜产品生产者建立畜产品生产档案，如实记录兽药使用信息、动物疫病发生和防控情况、动物屠宰、畜产品初加工和包装等信息，保证畜产品质量安全可追溯；畜产品收购、储存和运输的企业和经营者建立进销货台账；通过全产业参与者的通力合作建立起对畜产品的全方位跟踪、监管，建立起"从田间到餐桌"的安全保障，不仅能够充分维护消费者知情权，规范畜产品生产经营者行为，而且有助于监管部门监管能力的提升和监管效果的增强。

5. 兽药全过程监管向自动化智能化方向发展

兽药全过程监管涉及生产、经营和使用等多个环节。生产过程监管严格按照兽药 GMP 进行原料、生产工艺、生产环境、库存、设备及人事等信息监管；流通过程严格按照兽药 GSP 进行入库、库存、销售等信息监管；使用过程需要建立用药记录，详细记录用药时间、用药对象、日龄、发病数、药物名称、给药途径、给药剂量、诊疗效果、停药时间、执行人和休药期等信息。传统的人工记录模式，不仅导致各类型纸质文件大量累积，而且占用大量人力物力。随着物联网、大数据、人工智能等新技术应用的不断深入，兽药全过程信息采集自动化、无纸化，高效管理兽药大数据，并结合数据挖掘、人工智能等现代信息技术，打造兽药智慧大脑，实现兽药全过程监管向自动化、智能化、信息化是未来兽药智慧监管的重要发展方向[6]。

六、本章小结

本章总结了兽药全过程大数据智慧管理平台的功能、技术架构和科学意义，可有效解决兽药智慧监管、全过程追溯和大数据创新应用等关键问题；展望了平台广阔的应用前景，平台的建设与应用对于兽药管理者、生产者、经营者和消费者具有重要应用价值和指导意义，将产生巨大的经济效益、社会效益和生态效益，将会大力推动兽药标准化生产、规范化经营、精准化使用和智慧化监管，将有力地提高我国兽药信息化发展水平；提出了加强不同兽药系统平台的互联互通、加强生产环节的物联网技术应用、加强兽药使用环节的有效监管和提高兽药监测数据的利用率等改进措施；展望兽药智慧监管未来发展方向，加强5G、物联网、大数据、云计算、人工智能和区块链等新技术与兽药智慧监管深度融合，创新兽药追溯体系建设，造就"来源可查、去向可追、流通可控、真伪可辨"的兽药质量安全监管新格局，是兽药监管未来发展的必然趋势。

参考文献

［1］王敏.基层视角下谈兽药质量安全可追溯体系建设［J］.畜牧兽医科技信息，2020（6）：178.

［2］杨丽杰，郭艳钦，李云波，等.使用国家兽药产品追溯系统常见问题及解决方法［J］.北方牧业，2019（8）：23-24.

［3］吴小香，徐冬寅，董颜颜，等.基于二维码和云平台的兽药追溯平台的设计与实现［J］.现代农业科技，2020（2）：255-266.

［4］丁超，熊道国，李平，等.浅谈兽药追溯体系的"三化"［J］.江西畜牧兽医杂志，2019（4）：77.

［5］卞大伟，王虎.兽药追溯系统建设的问题思考和建议［J］.动物医学进展，2019，40（1）：114–116.

［6］郝毫刚，赵丽丹.国家兽药产品电子追溯体系建设与思考［J］.中国兽药杂志，2018，52（8）：63–68.